包 容

得饶人处且饶人

牟林吉/著

包容的智慧，就是一堵墙，
隔开了哀愁到快乐、苦难到幸福、黑暗到光明，
一线之隔，越过去，就是天堂。

中国出版集团　现代出版社

图书在版编目（CIP）数据

包容:得饶人处且饶人 / 牟林吉著. —北京：现代出版社，2013.11
（青少年心理自助文库）

ISBN 978-7-5143-1622-3

Ⅰ.①包…　Ⅱ.①牟…　Ⅲ.①人生哲学–青年读物
②人生哲学–少年读物　Ⅳ.①B821–49

中国版本图书馆 CIP 数据核字（2013）第 273788 号

作　者	牟林吉
责任编辑	李　鹏
出版发行	现代出版社
通讯地址	北京市安定门外安华里 504 号
邮政编码	100011
电　话	010－64267325 64245264（传真）
网　址	www.1980xd.com
电子邮箱	xiandai@cnpitc.com.cn
印　刷	北京中振源印务有限公司
开　本	710mm×1000mm　1/16
印　张	14
版　次	2019 年 4 月第 2 版　2019 年 4 月第 1 次印刷
书　号	ISBN 978-7-5143-1622-3
定　价	39.80 元

P 前 言
REFACE

　　为什么当今时代的青少年拥有幸福的生活却依然感觉不幸福、不快乐？又怎样才能彻底摆脱日复一日地身心疲惫？怎样才能活得更真实快乐？越是在喧嚣和困惑的环境中无所适从，我们越是觉得快乐和宁静是何等的难能可贵。其实，正所谓"心安处即自由乡"，善于调节内心是一种拯救自我的能力。当我们能够对自我有清醒认识，对他人能宽容友善，对生活无限热爱的时候，一个拥有强大的心灵力量的你将会更加自信而乐观地面对一切。

　　青少年是国家的未来和希望。对于青少年的心理健康教育，直接关系着下一代能否健康成长，承担起建设和谐社会的重任。作为家庭、学校和社会，不能仅仅重视文化专业知识的教育，还要注重培养孩子们健康的心态和良好的心理素质，从改进教育方法上来真正关心、爱护和尊重他们。如何正确引导青少年走向健康的心理状态，是家庭、学校和社会的共同责任。心理自助能够帮助青少年解决心理问题，获得自我成长，最重要之处在于它能够激发青少年的自我探索的精神取向。自我探索是对自身的心理状态、思维方式、情绪反应和性格能力等方面的深入觉察。很多科学研究发现，这种觉察和了解本身对于心理问题就具有治疗的作用。此外，通过自我探索，青少年能够看到自己的问题所在，明确在哪些方面需要改善，从而"对症下药"。

　　好的习惯将使你成为有成就的人，同样，坏的习惯也将使你一生一事无成。所以切不可小看平时一些微不足道的毛病，一旦养成习惯，将成为你前进路上的绊脚石。这就非常需要我们仔细检查一遍自己的习惯。看看哪些是有益的，哪些是有害的，而后，将有害的改为有益的。哪怕一个小小的改

变,假以时日,必能受益无穷。后天的培养铸就了人们强大的习惯,要树立勤奋是光荣的、努力和坚持不懈终会得到好回报的信心,正所谓好习惯结好果,坏习惯酿恶果。

习惯是所有伟人的奴仆,也是所有失败者的帮凶。伟人之所以伟大,得益于习惯的鼎力相助;失败者之所以失败,习惯同样责不可卸。习惯决定命运。但我们应该明白,习惯不是与生俱来的,它是我们在后天的行为活动中逐步形成的。只有在正确道德意志的驱使下,才能形成良好的习惯。捡起别人忽略的纸屑,扔掉马路上的砖瓦,按时归还借来的东西,学会整理自己的学习用具,学会独立处理自己的事情……这些都需要我们在日复一日的学习与生活当中逐步养成。

所有成功人士都有一个共性,那就是,基于良好习惯构造的日常行为规律。各个领域中的杰出人士——成功的运动员、律师、政客、医生、企业家、音乐家、教育家、销售员,以及其他专业领域中的佼佼者,在他们的身上都有一个共性,那就是良好的习惯。正是这些好习惯,帮助他们开发出更多的与生俱来的潜能。正因为习惯的力量是如此之大,所以我们要养成良好的习惯以有助于成功。

本丛书从心理问题的普遍性着手,分别描述了性格、情绪、压力、意志、人际交往、异常行为等方面容易出现的一些心理问题,并提出了具体实用的应对策略,以帮助青少年读者驱散心灵的阴霾,科学调适身心,实现心理自助。

本丛书是你化解烦恼的心灵修养课,可以给你增加快乐的心理自助术;本丛书会让你认识到:掌控心理,方能掌控世界;改变自己,才能改变一切;本丛书还将告诉你:只有实现积极心理自助,才能收获快乐人生。

C目 录
ONTENTS

第二篇　学会感恩，减少抱怨

第三篇　宽厚待人，赢得人脉

第一篇 >>>

包容人生，淡泊从容

人在尘世间每天经历的事情很多，不可能样样都尽如人意。拥有宽广的胸怀，才可以拥有广阔的世界。懂得宽容体现的不单单是一个人人格的魅力，更是我们人生境界的升华，是拉近彼此距离的桥梁，是温暖世界的阳光。世人都需要以博大的胸怀冷静处世，宠辱不惊，闲庭信步，行走在红尘世上。这是容言、容事之根本。

容是一种雅量，做人要包容。包容是一种情操，还是一种美德。包容不是懦弱胆怯，而是海纳百川的大度与包容，是笑看风云的开怀与爽朗。

平静对待生活中的不平事

没有一个人一生没有被毁谤过，也没有一个人一生没有被赞扬过。自己并非完美，他人孰能无过？用淡泊的心态对待人生的是非恩怨，宠辱不惊，去留无意，生命自然会天高、云淡、风轻。

在一个寺院，有一天，大殿上功德箱里面的钱突然丢失了，通宵打坐的法师无疑成为众人怀疑的对象。因为在他回寺之前从未发生过此类的事情，而且大家都知道他每夜都会在大殿内打坐，如果是别的盗贼前来行窃，他应该知晓才是。但是，当寺院住持当众说这事的时候，慧缘法师并没有任何反应，所有人都认为偷功德款的人一定就是这个法师。所以，寺中的众僧人以及和尚、居士无不对这个法师另眼相看，都向他投来鄙视的目光。

但是，慧缘法师处在这种人人怒目相视的环境中，仍然能够心平气和、若无其事。他既没有站出来喊冤、叫屈，向众人申明一切，也并没有流露出半点受委屈的情绪，与平常没有两样。每天按时去吃饭，每晚还是照样去大殿打坐。

终于，在七天后，寺中的住持才揭开了谜底：原来功德款根本没有丢失，这是住持在考验法师，想知道他在山洞中住的 10 年修炼到了什么样的境界。没想到他竟能在遭遇冤枉的情况下，依然不改常态，以一颗平常心去生活，为此，全寺上下无不由衷地对他产生了崇敬。

我们常说，"要快乐地生活就要保持一颗平常心"。在波澜不惊的日常生活中，很多人尚可做到这一点，但是当你面对各种利益纷争的时候，还能够保持心平气和吗？自己如遇到被冤枉、被暗算等这些不平事情的时候，我们的心情还能优哉地荣辱不惊吗？

包容——得饶人处且饶人

冷静、宽容、理智、积极、平和，这几个关键词就是我们面对不平事时应该具有的态度。生活中的事情不是样样都能尽如人意的，我们就应该像慧缘大师那样，心平气和，荣辱不惊，既要看得破，又要忍得过。与其在追求是非公论上耗费大量的精力，不如踏踏实实地把自己的事情做好，这不是任人摆布，更不是逆来顺受，而是一种理智的生活方式。就如你无缘无故被一只疯狗咬了一口，难道你非要返回来对疯狗咬一口心里才舒服吗？道理就是如此。

李广，陇西成纪（今甘肃静宁）人，西汉名将，他身材高大，手臂修长，擅长骑射，打起仗来行踪飘忽不定，行动敏捷，被匈奴人称为"飞将军"。

在做上谷太守时，他每天都跟匈奴人打仗，每次都是身先士卒，异常勇敢，置个人生死于外，战斗非常勇猛，以力战闻名。典属国公孙昆邪哭着对皇帝说："靠李广才气，天下无双，自负其能，数与虏敌战，恐亡之。"皇上爱其才，恐亡之，把李广调到上郡做太守。

后来，李广跟随周亚夫在"七国之乱"时平定吴楚联军，立下战功。梁王刘武看上了李广之才，私授李广将军印。李广不识时务，竟然接受了。刘武当时很想做皇帝，想等哪天他起兵逼宫时，希望李广能支持他，这一点汉景帝刘启很明白。李广自以为立下战功，梁王授给将军印，这是对他的奖赏，他还要拿回京城炫耀一番。结果李广此举触怒皇帝，未受到丝毫奖赏。李广因此非常不满。

又过了几年，屡建战功的李广数次未能封侯，于是向王朔抱怨道："自从汉朝北击匈奴以来，我未尝不在其中，然而其他将领都封侯位列三公，我却没有封侯，这真是不公啊！"

一直没有封侯的李广在参与卫青大将军的漠北之决战时，他请战当先锋。但卫青了解李广，知道他急于封侯，想最后一搏取得战绩，在他这种急于求胜的情况下，难免会出现失误，所以，卫青很理智地拒绝了李广的请战请求，让其从侧路袭击。于是，李广奉命从侧路进攻，但他带领队伍迷了路，没有及时和卫青主力部队会合，以至让单于逃跑。

发生了这样的事，卫青就责怪了李广几句。李广想到长久以来自己受到的不公待遇，又想到自己此番失利，顿时感到一阵悲凉，然后引刀自刎。

李广在面对人生的不公之时，缺少了达观的心态，致使自己含恨而终。人类社会里，贫穷、战争、疾病、犯罪等等不平等的现象此起彼伏。面对生活中不公平的人和事，不妨要记住冷静、宽容、理智、积极、平和这几个关键词，这就是我们面对不平事时应该具有的态度。

其实，从健康的角度来讲，如果人在不平事面前不能保持心理平衡，也就是对人对事不能做到心平气和，对健康也是影响极大的。《黄帝内经》中说"怒则气上，喜则气缓，悲则气结，惊则气乱，劳则气耗"，所以，百病都是生于气。现代医学也发现，人类的70% ～90%的疾病与心理有着极大的关系。如果人的心态不好，爱着急，爱生气就容易破坏人体的免疫系统，易患高血压、冠心病、动脉硬化等病症。所以，心理平衡对人的身体健康是最为重要的，谁能在不平事面前时刻保持一颗平常心，就等于掌握了健康的金钥匙。

总之，当我们遇到不平之事时，不要事事苛求公平，也不要一味地怨天尤人，自暴自弃无异于一种慢性自杀。唯一可取的做法就是：调整好自己的心态，改变衡量公平的标准，成熟自己的观念与言行，并用极为乐观、积极的心态来生活、工作。既然我们没有能力来改变这些不平事，那就要尽力地调整好自己的心态，对任何事都保持一颗平常心，问题就会迎刃而解，种种矛盾与心结也就自然能打开了。

心灵悄悄话
XIN LING QIAO QIAO HUA >>>

心胸狭窄的人，只容得下芝麻，容不了西瓜；目光短浅的人，只看见眼前，看不到将来；自私自利的人，心里只装得下自己，装不下别人。只有胸怀坦荡、志存高远、公而忘私的人，心里才能容得下难容之事和难缠之人。

宽容别人，就是善待自己

孔子的学生子贡曾这样问孔子："老师，有没有一个字，可以作为终身奉行的准则?"孔子答道："有，这个字就是'恕'。""恕"从字面上可以理解为，如你的心一样。也就是说，将心比心，宽容别人的错误等于原谅自己的错误，不仅别人能够释然，我们自己也能够解脱。

宽容如一眼泉水，它是生命之源。它流过心灵的山涧，将泥土沙石统统带走，留下的是宁静与清凉;它灌溉精神的原野，将烦躁与不安统统带走，留下的是豁达与恬淡。宽容就这样滋润着万物，成全了别人，也宽慰了我们自己。

生活中，我们常常能见到一些人因为一句话或一点小事，大动干戈，不依不饶，不仅困扰了别人，也会使自己陷入负面情绪之中。所以说，对别人斤斤计较，只会使自己得不偿失。

善待别人也就是善待自己。人生因残缺而豁达，只有用宽容的眼光看待事物，友谊、事业、家庭才会更稳固、更长久。所以，当你学会了宽容，你便领悟了生命的真谛。

郭女士离婚半年后得了严重的失眠症，每晚也就睡两三个小时，有时彻夜难眠，痛不堪言，体重也迅速地减下去了二十几斤。

导致她与丈夫离婚的原因，其实只是丈夫手机上的几条暧昧短信，可是无论丈夫怎样解释她都无法原谅他，认定他在外有了外遇，随之而来的是她不断地翻查丈夫的手机和衣物，跟踪和找人调查自己的丈夫，这样折腾了整整一年，除了那几条短信之外她再没发现任何异常情况，但是丈夫的解释、家人的劝阻，都不能使郭女士原谅自己的丈夫。最后，她仍然选择了离婚，离婚半年来在经历了一系列的波折之后，郭女士开始后悔，也开始

反思，就这样在患得患失中导致了目前的精神状态。

　　家人也好，朋友也好，都需要我们的宽容与理解。当初郭女士若是稍微宽容一些，不那么不依不饶的话，或许现在是另一番景象。一意孤行、心胸狭窄都会使我们陷入自我折磨中无法自拔。

　　《周易》中有一句话：君子以厚德载物。意思就是说，若是君子，接物待人的肚量就要像大地一样，没有任何东西不能承载。世间并无绝对的好与坏，也并非所有的坏与错误都是存心所为。用一颗宽容的心去体谅别人、宽容别人，才可能不为身外之物所累，长久地拥有恬静的心情。一个人有了宽广的胸怀，有了可以容纳万物的心，便能够成就一番事业，赢得别人的尊重与信服。因此，一个宽容的人，必定是一个快乐的人、成功的人。所以说，宽容是体谅别人，更是善待自己。宽容的友谊必定地久天长，宽容的爱情也必定幸福美满，宽容的世界也必定和谐美丽。宽容，就是能够理解和尊重别人的不同看法、不同言论。有一个客观冷静的心态，绝不会把自己的观念强加给别人。这样的一个人，他的天地一定更加广阔，精神一定更加充实，灵魂一定更加美丽。

　　在美国的一个市场里，有一个中国妇人的摊位，生意特别好，引起其他摊贩的嫉妒。大家便有意无意地把垃圾扫到她的店门口。然而，这个中国妇人并不恼怒，只是宽厚地笑笑，从不计较。旁边卖菜的西班牙妇人观察了她好几天，忍不住问道："他们都把垃圾扫到你这里，你为什么不生气呢？"中国妇人笑着说："我为什么要生气呢？在我们国家，春节的时候，大家都会把垃圾往家里扫，垃圾堆得越多就代表赚的钱越多。现在每天都有人送钱到我这里来，我怎么能责备人家呢？你看我的生意不是越来越好吗？"旁边的人，听到了她的话，都很惭愧。从此以后，那些垃圾就不再出现了。

　　这个中国妇人化诅咒为祝福的智慧确实令人称赞，然而更令人敬佩的是她那与人为善的宽厚。她用智慧不仅宽恕了别人，也为自己创造了一个美好的心情和一个融洽的人际环境。所以，如果说微笑是一种悲悯，缄默

是一种修养,那么,宽容便是一种智慧。

古人云:"海纳百川,有容乃大;壁立千仞,无欲则刚。"意思就是说,唯宽可以容人,唯厚可以载物。宽容如同仁爱的光芒,是对别人的释怀,也是对自己的善待。宽容也是一种做人的艺术,学会了宽容,我们的人生便少了许多烦恼的挫折。

心灵悄悄话
XIN LING QIAO QIAO HUA >>>

"当你伸出两只手指去谴责别人时,余下的三只手指恰恰是对着自己的。"所以说,对别人不要百般挑剔,随意指责,这样不仅伤害了别人,也贬低了自己。

气躁心浮，办事不稳

误会往往是人在不了解事情真相、缺乏理智、缺乏耐心、不经思考、感情极为冲动之下所发生的。其后果便是伤人伤己。遇事急躁、气浮心盛则是祸之根源。

猎人上山打猎，无奈一直没有收获。连续走了几个小时之后，猎人所带的水已经喝完，他感觉越来越口渴，却一直没发现水源。当他走到一个山谷时，看到有水滴从上面滴落下来。猎人连忙从皮袋里取出杯子，耐着性子用杯子一滴一滴地接流下来的水。终于，水接到了七八分满，就在他正准备一饮而尽的时候，一股急风把杯子从他手里吹了下来。

猎人心急怒起，抬头却看见自己的爱鹰在上空盘旋。他有点生气，可对鹰又无可奈何，于是他只好重新拾起杯，继续接水。当水滴到七八分满时，鹰又把水弄翻了。猎人怒到极点，生了报复之心，想整治一下老鹰。

猎人一声不响地捡起水杯接水，当水滴到七八分满时，他悄悄取出利刀，夹在掌心，然后把杯子慢慢往嘴边移近。老鹰又向他飞来，猎人迅速拿出利刀，杀死了老鹰。由于他的注意力集中在杀死老鹰，忽略了手中的杯子，因此杯子掉进了山谷里。

猎人心想，既然水是从山上滴下来的，也许上面有蓄水的地方。于是，猎人忍住口渴，用尽力气往山上爬。终于，他到达了山顶，并看到了一个蓄水的池塘。猎人连忙弯下身子，想喝个饱，却突然发现池塘边有一条大毒蛇的尸体。这时，猎人才恍悟："原来老鹰几次打翻水杯，是担心我喝下受蛇毒污染的池水而被毒死，而我却误会了它，还杀了它……"

猎人非常自责，他发誓此后绝不在生气时做决定。

包容——得饶人处且饶人

怒气如同一颗炸弹。在生气时做出任何决定,都可能失去理性,给自己造成损失。如果猎人能够多一点耐心,少一点怒气,他就不会用利刀杀死那只救了自己性命的老鹰。可惜,人生没有重来,自己做错的事还要自己来承担。在生活中一定要少生气,尽量不生气,好好爱惜自己;永远不要在生气时做决定,让人生之路少一些遗憾。

冲动是一种理智的迷失,是为人处世的大敌。人在一生当中,个人利益经常会受到他人有意或无意的侵害。如果你抑制不住冲动和鲁莽,动不动就发怒、大动干戈,你将永远生活在无尽的烦恼和悔恨之中。遇事"三思而后行",是治疗冲动最好的良方。

宽容的人永远是心态平和的人,通常情况下他们都能很好地控制自己的情绪,避免冲动坏事。学会自警自戒,善于控制冲动,是一种心态的调整,性格的修养,精神的净化。自觉地培养和锻炼自己的意志力和控制力,形成良好的心理素质,是你成就事业的前提,是享受健康、快乐、幸福人生的基石。

明朝宣德和正统年间,赵豫任松江知府。他对老百姓问寒问暖,关怀备至,深得松江老百姓的爱戴。

赵豫处理日常事务有他自己的一套工作方式。每次见到来打官司的,如果不是很急的事,他总是慢条斯理地说:"各位消消气,明日再来吧。"起先,大家对他的这套工作方法不以为然,甚至还暗地里编了一句"松江知府明日来"的顺口溜来讽刺他。这句顺口溜慢慢地在老百姓中间流传开来,老百姓见到他都叫他"明日来"。

听到这个绰号,赵豫总是仁慈地笑笑,从不责备叫他绰号的人。

赵豫曾对人说起过"明日再来"的好处:"有很多人来官府打官司,是乘着一时的忿激情绪,而经过冷静思考后,或者别人对他们加以劝解之后,气也就消了。"

气消而官司平息,这就少了很多的恩恩怨怨。

"明日再来"这种处理一般官司的做法,是合乎人的心理规律的。以"冷处理"缓和情绪,不急不躁,才能理智地对待所发生的一切,避免不必要

的争执，忍一时的不冷静，对人对己都有好处。

事情往往就是这样，你越着急，你就越不会成功。因为着急会使你失去清醒的头脑，结果在你奋斗过程中，浮躁占据着你的思维，使你不能正确地制定方针、策略以稳步前进。

成大事者首先应该克服的就是自己的浮躁情绪。只有正确地认识自己，才不会盲目地让自己奔向一个超出自己能力范围的目标，而是踏踏实实地去做自己能够做的事情。

中国文化的精要就在于以静制动、处安勿躁。当你控制了浮躁，你才会吃得起成功路上的苦，才会有耐心与毅力一步一个脚印地向前迈进，才不会因为各种各样的诱惑而迷失方向，才会制定一个接一个的小目标，然后一个接一个地实现它，最后走向大目标。

心灵悄悄话
XIN LING QIAO QIAO HUA >>>

做事戒急躁，人一急躁则必然心浮，心浮就无法深入到事物中去仔细研究和探讨事物发展的规律，无法认清事物的本质。气躁心浮，办事不稳，差错自然会多。

雅量待人，锱铢必较难成大器

人大多数有名利之心，与人争，与事争。如果能与人无争则人安。与世无争则事安；人、事皆无争，则世界亦安。

清朝时，两家邻居因一道墙的归属问题发生争执，欲打官司。

其中一家请求在京当大官的亲属张廷玉帮忙。张廷玉没有出面干预这件事，只是给家人写了一封信，力劝家人放弃争执。信中有这样几句话："千里修书只为墙，让他三尺又何妨？万里长城今犹在，不见当年秦始皇。"

家人听从了他的话，邻居也觉得很不好意思。两家终于握手言和，并由你死我活的争执变成了真心实意地谦让。

俗话说，远亲不如近邻，张廷玉没有依仗自己的权势干预这件事，而是用退让化干戈为玉帛，使得两家没有因此而结上宿怨，很好地处理了邻里关系，消除了再次发生矛盾的隐患，这是一种长远的打算。

在日常生活中，有一些非常精明的人，他们处处要显得比别人更加神机妙算，更加讨巧投机；他们总在算计着别人，以为别人都不如他们聪明，而可以从中揩点儿油、讨点儿便宜，好像他们这样做就会过得比别人好。这种人功利心太重，把功利当作人际关系的首要，他们日子过得很累、很紧张，过得很缺乏乐趣。

"让"有时候会被认为是屈服、软弱的投降动作，但若从长远来看，"让"其实是低调务实、通权达变的智慧。凡是聪明的人，都懂得在恰当时机忍耐，毕竟人生存靠的是理性，而不是意气。忍耐常有附带条件，如果你是弱者，并且主动提出忍耐，那么虽然可能要付出相当的代价，但却可以换得"存在"的空间和余地；"存在"是一切的根本，没有"存在"，就没有明天，没有未来。也许这种附带条件的忍耐对你不公平，让你感到屈辱，但用屈辱换得存在，换得希望，显然也是值得的。

所以说，我们有的时候，不一定要硬碰硬，让他三分，也许就不会把自己逼入绝境，一切还有回旋的余地，只要有余地我们就还有赢的可能。

宋朝的王安石和司马光十分有缘，两人在1019年与1021年相继出生，仿佛有约在先，年轻时，都曾在同一机构担任完全一样的职务。两人互相倾慕，司马光仰慕王安石绝世的文才，王安石尊重司马光谦虚的人品。在同僚们中间，他们俩的友谊简直成了某种典范。

然而，随着王安石和司马光的官越做越大，心胸却慢慢地变得狭窄起来。相互唱和、互相赞美的两位老朋友竟反目成仇。倒不是因为解不开的深仇大恨，人们简直不相信，他们是因为互不相让而结怨。两位智者名人，成了两只好斗的公鸡。

有一回，洛阳国色天香的牡丹花开，包拯邀集全体僚属饮酒赏花。席中包拯敬酒，官员们个个善饮，自然毫不推让，只有王安石和司马光酒量极差。待酒杯举到司马光面前时，司马光眉头一皱，仰着脖子把酒喝了。轮到王安石，王执意不喝，全场哗然，酒兴顿扫。司马光大有上当受骗、被人小看的感觉，于是喋喋不休地骂起王安石来。一个满脑子知识智慧的人一旦动怒，开了骂戒，比一个泼妇更可怕。王安石以牙还牙，祖宗八代地痛骂司马光。自此两人结怨更深，王安石得了一个"拗相公"的称号，而司马光也没给人留下好印象。他忠厚宽容的形象大打折扣，以至于苏轼都骂他，给他取了个绰号叫"司马牛"。

到了晚年，王安石和司马光对他们早年的行动都有所悔悟，大概人到老年，与世无争，心境平和，世事洞明，可以消除一切拗性与牛脾气。

王安石曾对侄子说，以前交的许多朋友都得罪了，其实司马光这个人是个忠厚长者。司马光也称赞王安石，夸他文章好、品德高，功劳大于过错。仿佛是又有一种约定似的，两人在同一年的五个月之内相继归天。天国是美丽的，"拗相公"和"司马牛"尽可以在那里和和气气地做朋友，什么政治斗争、利益冲突、性格相违已经彻底化为乌有。

是啊，心胸豁达，互相礼让，会让我们得到很多朋友；相反，我们也会失去很多朋友。其实，朋友之间，让他三分又何妨呢？对于王安石和司马光

的遗憾，我们也只能报以一声叹息。

在现实生活中，人或许会遇到这样一种情况，可能是一种平白无故的批评，也可能是一种莫名其妙的指责；可能是来自同事和朋友们的误解，也可能是出于某些不安好心的人的唆使和阴谋。在这种情况下，如果我们不明察事理，立刻进行反击，则很容易把事情弄糟，甚至是把好事办成坏事。而气量则有助于帮助我们去处理好这些问题。

太精明的人的确过得很累。他们算计着别人，占别人的便宜，同时也在怀疑别人也在算计他自己，也可能要侵占他的利益，因此，他们必须处处提防，时时警惕，小心翼翼过日子。别人很随意说的一句话、干的一件事，也许什么目的也没有，但过于精明者就会在心里受到刺激，晚上回到家里，躺在床上也要细细琢磨，生怕别人有什么谋划会使他们自己吃亏。这样，他们在处理人际关系上就显得不诚实、不大方，甚至很造作。我们碰到的许多生活中的精明者，性情都不开朗，心理都相当虚假，神经都相当过敏。这恐怕与他们过日子的那种紧张感有直接的关系。

不太精明的人容易和大家成为朋友，就因为大家可以正常相处，少有功利，多有温情，不必处处抱有戒心，才有安全感。太精明的同事或朋友总让人觉得不可靠。人们需要周围的人聪明、机智，但不要太精明。

古人提出了"难得糊涂"的处世哲学，我们可以不太精明，但应有智慧。在生活中，许多人并非真的糊里糊涂过日子，而是不想为过于精明所累，其实是因为有智慧。一个聪明人不会患得患失，也不会囿于世俗中的鸡毛蒜皮之事而无法自拔，这样的人心胸开阔、为人豁达，日子过得有意思、有价值。

心灵悄悄话
XIN LING QIAO QIAO HUA >>>

我们每个人都喜欢和宽容的人交往，因为这样的人有气量，不会斤斤计较；我们常常告诫自己要做宽容的人，因为这样才能成为那种肚里能撑船的"宰相"。学会了如何做人，自然心中就有了处世的原则和标准。有胸襟、有涵养的人能淡然面对不平，忍受常人难以忍受的委屈。

容人之量是成功的基石

常言说，"宰相肚里能撑船"。能撑船的肚子，一定能够包容一切。包容需要空间，这个空间就是胸怀！一个人要想取得成功，就必须要有容人之量。

在森林王国里，动物们都在为了能够更容易地捕获食物而极尽所能。唯独野驴和狮子聪明，选择了互利合作，还专门缔结了条约。

条约规定了双方的明确分工：因野驴有耐力，跑得远，所以专门负责寻找食物；而狮子的爆发力成就了它天生猎手的属性，因此负责捕捉食物；二者结合在一起共同发挥作用。因为狮子在百兽之中的地位，野驴同意每次捕获到食物后由狮子来实施分配。

果然，它们总能比其他任何动物更加迅速地捕捉到肥美的食物。这样的合作让双方都尝到了甜头。

然而，时间一长，双方就慢慢暴露出自己的缺点：野驴脾气不好，经常顶撞狮子；狮子秉性霸道，因此常感觉自己的权威受到了挑战。这次他们合作获得了大量的食物后，按照以往的惯例由狮子来分配。可狮子却把食物分成了三份，并且霸道地说："我拿第一份，因为我是兽之王；第二份也应归我，因为这是我们合作中我所应得的；至于第三份嘛，我们可以公平竞争，不过你要是不赶紧滚开，把它让给我，你恐怕就要大祸临头，成为我的第四份美餐了。"

野驴又气恼又羞愤，终究还是离狮子而去。可是，把野驴赶跑后，食物很快就吃完了，狮子不得不开始了它独自的狩猎之旅。因为没有了野驴的帮助，狮子再也不能轻松地捕获像以前一样可口的肥美之物了。当狮子饥肠辘辘的时候，才不由得又一次想起了野驴。

狮子擅于捕捉,野驴擅于寻找,本来二者的合作可谓是相得益彰、完美无缺,只可惜狮子没有容人之量,为了眼前的利益,把野驴赶跑了,最终自己也吃不上肥美的食物了。在我们的生活中,团队之间也难免会出现与我们自身不一致的行为和声音,而有些管理者则容不下这样的反对者;尤其是在树立权威时,更不愿出现一个才压群雄的人指手画脚。管理者最后的选择往往和寓言中的狮子一样,把这样的人炒掉完事。

其实,真正懂得管理的人首先就要有容人的胸怀,正所谓"海纳百川,有容乃大"。只有容得下一切可容之人,才能拓宽自己的局限,成就更广阔的天地。这比单纯地钻营繁复的商品技巧和管理制度更有效,也更简明。

同时,容人还表现在不计怨仇上。在企业里,任何事物都要以集体为前提,因材而用,不能因个人原因而打压排挤。

1947 年,小沃森刚刚接管公司的工作,成了 IBM 的第二任总裁。

伯肯斯托克是 IBM 公司未来需求部的负责人。他是当时刚刚去世的IBM 公司二把手柯克的好友——而柯克以前又和小沃森是对头。所以,伯肯斯托克理所当然地认为:柯克死后,小沃森肯定不会放过他,与其被人赶走,还不如主动辞职,闹个痛快。

这天,伯肯斯托克来到了小沃森的办公室,他说:"这个没人干的闲差和销售总经理比起来,我能有什么盼头……"他知道小沃森和他父亲一样脾气暴躁、很要面子,所以来到他的办公室故意当面向他发火。这样,在辞职前也算是出了一口恶气。

奇怪的是,当听到伯肯斯托克说着"没有盼头"这样挑衅的话时,小沃森却显得平静,一脸微笑地看着他。

这反倒让伯肯斯托克有点紧张了,一时间他没有言语,不知所措。

小沃森趁势说:"如果你真行,那么,不仅在柯克手下,在我、我父亲手下都能成功。如果你认为我不公平,那么你就走;否则,你应该留下,因为这里有许多机遇。"

伯肯斯托克没有说话。

"如果是我遇到现在的情况,理智会让我最终决定留下来。"小沃森继续说道。

伯肯斯托克愣了一下，继续嚷嚷道："我刚才的话你没有听见？"

小沃森没有回答，仿佛真的没有听见似的。实际上，小沃森几乎已经达到了"沸点"，但他同时深深地明白，伯肯斯托克是个不可多得的人才；有他在，公司就握住了一个有力的资源。所以，小沃森竭尽全力地去挽留他。

事实证明，留下伯肯斯托克是正确的，他甚至比刚去世的柯克还要精明能干。在促使IBM从事计算机生产方面，伯肯斯托克做出了不可磨灭的贡献：当小沃森极力劝说老沃森及IBM其他高级负责人赶快投入计算机行业时，公司总部里支持者相当少，而伯肯斯托克全力支持他。伯肯斯托克对小沃森说："打孔机注定要被淘汰，假定我们不觉醒，尽快研制电子计算机，IBM就要灭亡。"

小沃森相信他说的话是对的。小沃森与伯肯斯托克联手，为IBM立下了汗马功劳。小沃森在他的回忆中还曾写下这样一句话："在柯克死后挽留伯肯斯托克是我有史以来所采取的最出色的行动之一。"

小沃森不但挽留了伯肯斯托克，后来还陆续提拔了一批他并不喜欢却有真才实学的人。

小沃森可以说是一个成功的管理者，他懂得容下可容之人，从而借他人之力成就了自己的一番伟业。身为企业的领导者，要用事业造就人才，用环境凝集人才，用机制激励人才，用法制保障人才，把企业人才的积极性和创造性引导好、保护好、发挥好。而且领导者要善于经营人才，识才、用才、爱才、聚才是领导者一项基本职能，也是一个成熟领导者的基本素质。

而古今中外，大凡成大事者莫不是以大胸怀掌握住了大局面：齐桓公不计管仲一箭之仇，拜其为上大夫，管理国政而成就霸业；李世民发动玄武门之变，不计魏征曾进言谋害自己之前嫌，重用魏征，从而治国安邦，贞观长歌；曹操容下陈琳骂其三代祖宗之嫌，陈琳也因此甘愿为其效劳一辈子；刘秀焚烧投敌信札，不计前嫌，化敌为友，壮大自己的力量，终成帝业。容人，较之三顾茅庐的请人、较之千方百计地挖人，是何等轻松惬意；而对于制定规章管人，处心积虑限人，又是何等简单高效。容可容之人，让所有人都有一个展示自己的平台，各尽其才，企业之强大便指日可待。

由此可见，包容是一种态度。谦虚的态度能容人于内，傲慢的态度则

包容——得饶人处且饶人

拒人于外。包容是一种品格，人人都有七情六欲，人人都有喜怒哀乐，难免有控制不住情绪的时候，能够保持宁静淡泊，能够宽以待人，便是良好的品格修养。包容是一种境界，如果一旦超越地域、国家、语言、民族和文明的界限，那么，人的思想就达到一种至高无上的境界。

心灵悄悄话
XIN LING QIAO QIAO HUA >>>

"海不辞水，故能成其大；山不辞土石，故能成其高；明主不厌人，故能成其众。"大海能包容每一滴水，所以成就了它的广博；大山不拒绝每一粒尘土，所以才能挺拔高耸；聪明的管理者不会厌恶各路人才，所以能形成他的大众之势。

宽容方能和谐

宽容是一种风度，可以将矛盾冲淡为和平，把急躁之火冷却；宽容是一种理智，使人走向成熟；宽容是一种润滑剂，可以消除人与人之间的摩擦；宽容是一种镇静剂，可以使人在众多纷扰中恪守平静。

做无谓的争斗，即使是赢了也算输。真正的智者不会为无谓的争斗伤了自己。宽容大度，方能和谐圆满，懂得这一点才能真正快乐。

有一个和尚奉师父之命到山下去化缘，正走在早集市上，一个人忽然走到他的面前，问道："小师父，我问你一个问题，好吗？"

"当然可以。"小和尚礼貌地回答道。

那人问道："你知道一年有几季吗？"

小和尚本来以为他会问什么高深的问题，没有想到问题如此简单，于是脱口而出道："四季。"

没有想到的是那人却一口否定道："不对！一年只有三季！"

"谁都知道一年有春夏秋冬四季，一季是三个月。你说三季，那三季叫什么？"小和尚有点儿不悦地说。

"三季叫早季、中季、晚季，一季有四个月。"那人非常武断地说。

"四季！"

"三季！"

小和尚和那个人争得脸红脖子粗，谁也不让谁。后来，那个人提议说："这样吧，咱们问你的师父，他要是说一年四季，算我输，我给你磕三个头；他要是说一年三季，算你输，你给我磕三个头。怎么样？"

"行。走吧。"小和尚自信地说。

于是，小和尚带着那个人回到了寺院。他们来到老师父的面前，说明

来意。老师父看了看那个人，微笑着说："是你对了，一年只有三季。"

小和尚听得目瞪口呆，用怀疑的目光看着师父。

老师父对小和尚说："快给他磕三个头吧。"事先有约，小和尚不得不给他磕了三个头。那个人得意地下山了，小和尚不解地问师父："师父，一年明明是四季，你怎么说三季？"

老师父说："他问这么简单的事，就说明他是一个不简单的人！你看他那个样子，我如果说四季，他会那么得意地下山吗？"

小和尚回到房里，越想越气，不想在这儿待下去，于是收拾行李下山了。

老师父知道后不以为意地说："让他去吧，让他去吧，过几天，他想通了就会回来。善哉，善哉……"

几天后，小和尚在闹市中看到两个人大打出手。其中一个就是在前几天问他一年有几季的那个人，两人都打得头破血流，伤得不轻。小和尚问旁边的人他们为何打架。旁人说他们因为一年有几季的问题争吵不休，后来就打了起来。

小和尚默默地离开，决定还是回去继续修行，心想，还是师父高明，不然，自己也会和人家打起来。跟这种人较量，你就是打赢了，也是输啊！

《尚书》有云："有容，德乃大。"宽容大度，方能和谐圆满，历代的圣贤人士都把宽恕容人视为一种难得的品德。境由心生，宽容最重要的是有一颗宽容的心。那么，什么样的心才算是宽容的心呢？

宽容的心，简单地说，就是接受别人原来的样子。一个拥有宽容心的人，他总是能看到事物美好的一面，看待一个人优点总是多于缺点。对别人的评估，正面价值多于负面价值，鼓励多于责难。

宽容是一种境界，在日常生活中，在处理矛盾和纠纷上也常常能发挥巨大的作用。对于宽容，我们应该有一个正确而充分的认识，这样才能发挥它最大的作用。了解宽容的内涵，首先要明白它不是懦弱的象征，在更多时它是一种韬光养晦的智慧，是人们立足于社会上的生存策略。

郑州原武人娄师德，字宗仁，曾做过唐朝的宰相。《资治通鉴》中说："娄师德以仁厚宽恕、恭勤不怠闻名于世。"司马光评价他"宽厚清慎，犯而

不校"。虽然身居高位，但是娄师德一直谦恭勤谨，从不懈怠，严于律己，宽以待人，受到世人的尊敬。

娄师德在做兵部尚书的时候，有一次巡视并州。进入并州境内，邻近的县令都来迎接他，并且一路随行。到了驿站已是午饭时分，于是大家坐在一起吃饭。这时，娄师德发现自己吃的是白米饭，而其他人都是吃的粗糙的黑米饭。娄师德急忙把驿长叫来，责备说："你为什么用两种米招待我们？"

驿长很惶恐地回答道："一时弄不到那么多细米。所以……"

娄师德并没有怪罪驿长，只是语重心长地说道："这样不好，客人是不应该分成等级的。"于是自己换了黑米饭和大家一起吃。

娄师德的弟弟被任命为代州刺史，临行之时，娄师德对弟弟说："我辅助宰相，你现在又管理一个州，受皇上的宠幸太多了，这正是别人所妒忌的。你打算怎样对待这些人的妒忌以求自免灾祸，保全自己的性命呢？"

他的弟弟跪下说："从今以后，即使有人朝我脸上吐唾沫，我也只是自己擦去唾沫，绝不还嘴，不让兄长你为我担忧。"

娄师德说："这正是我所担忧的。人家向你吐唾沫，是对你恼怒，如果你将唾沫擦去，说明你不满，不满而擦掉，那不是违反了吐唾沫人的意愿吗？别人会因此而增加他的愤怒。不要擦去唾沫，让它自己干了，应当笑着去接受它。"

听了他的教诲，娄师德的弟弟会心地笑了。而这个"唾沫面干"的故事也流传至今。

为朝廷的重臣几十年，娄师德在矛盾重重的中枢机构中从未有过帮派之争，也未有大起大落的经历，始终受到人们的推崇，这与他稳重地做人规范是不无关系的。因此，适当的容忍也是一种有效的自我保护措施，是一种智者的风度。

然而，在现实生活中却总是出现这样一个怪圈，那就是追求完美主义。越来越多的人总是期望别人从不犯错，他们在自己的心里把身边的人塑造成理想的完美形象，因此，只要别人稍微犯错，或者做事的方式不按自己理

包容——得饶人处且饶人

想的方式来,那么他们就会在心中把那个人完全否定,会让那个"完美的形象"在心中轰然崩塌。

因为理想和现实的差距太大,于是他们失望,他们生气,然后彼此开始互相猜忌,最终水火不容。

宽容大度,方能和谐圆满。所以,做人要有博大的胸怀,面对尘世中的纷纷扰扰、是是非非,去做一个"开口便笑,笑天下可笑之人。大肚能容,容天下难容之事"的弥勒佛,这样,你会发现,和谐圆满地度过一生并不是难事。

心灵悄悄话
XIN LING QIAO QIAO HUA >>>

俗语有"宰相肚里能撑船"之说,古人与人为善之美、修身立德的谆谆教诲警示世人,一个人若胸怀宽广、性格豁达,方能纵横驰骋。若纠缠于无谓鸡虫之争,非但有失儒雅,反而终日郁郁寡欢,神魂不定。唯有对世事时时心平气和、宽容大度,才能处处契机应缘、和谐圆满。

要想让世界容你，你得先容世界

每个人内心的想法不同、眼界不同，他们所看到的世界也就不一样。所以说，什么样的心态就能产生什么样的结果，心有多宽敞，你周围的世界就会有多大。你若能容世界，世界就能容你。

一位禅学大师有一个老是爱抱怨的弟子。

有一天，大师派这个弟子去集市买了一袋盐。弟子回来后，大师吩咐他抓一把盐放入一杯水中，然后喝一口。"味道如何？"大师问道。"咸得发苦。"弟子皱着眉头答道。

随后，大师又带着弟子来到湖边，吩咐他把剩下的盐撒进湖里，然后说道："再尝尝湖水。"弟子弯腰捧起湖水尝了尝。大师问道："什么味道？""纯净甜美。"弟子答道。"尝到咸味了吗？"大师又问。"没有。"弟子答道。大师点了点头，微笑着对弟子说道："生命中的痛苦是盐，它的咸淡取决于盛它的容器。"

大师一语道破我们一直以来的困扰，生命中的痛苦是盐，它的咸淡取决于盛它的容器。这真是一则智慧故事，感悟了其中妙处的众生，我们是愿做一杯水，还是一片湖呢？

一个胸怀宽广的人，他乐观、向上、视野广、理解人，有幸和胸怀宽广的人在一起生活或共事，会拥有无尽的快乐；

一个心胸狭窄的人，他悲观、偏激、自负、自私、鼠目寸光、猜疑心重，不幸与心胸狭窄的人在一起生活或共事，会得到无穷的烦恼。这些都取决于一个人的抱负、知识和修养。

以天下为己任的人，绝不会为了区区小事斤斤计较；知识渊博的人，绝

不会因为一时的困难和挫折而一蹶不振；有良好修养的人，绝不会稍不如意就怒发冲冠。

苏东坡是我国历史上的大文豪，他的词是豪放派的代表，当然，他也有一个豁达的心胸。他有一个很好的朋友叫佛印，两人经常在西湖一起参禅悟道。

佛印是位老实厚道的人，苏东坡古灵精怪，经常占他的便宜。

一天，两人又去参禅悟道，苏东坡问佛印："你看我像什么呢？"

佛印老老实实地睁开眼睛，说："我看你像一尊佛。"

苏东坡说："你知道我看你像什么吗？你往那儿一坐，就像一堆牛粪！"说完他就开始哈哈大笑起来，而佛印只是闭着眼睛，笑而不答。

晚上回到家中，苏东坡就很得意地把这件事告诉了自己的妹妹。

妹妹听完后，就冷笑着说："哥哥呀，就你这样的悟性还配去参禅呀？参禅讲的是见心见性，心中有，眼中才有。佛印说你像尊佛，说明他心中真有尊佛，正因为如此，他才对你的无理不争不怒。你看他像堆牛粪，你自己想想你心中有什么吧？"

苏东坡听罢妹妹之言，惭愧得无语，但他是豁达之人，在以后的日子里，他和佛印每每拿此说笑。

我们所看到的外在世界，都是内心的一种折射，你所看见的，必定也是你心中所有的，心灵怎样，所表现出来的状态也就会是什么样子。所以，在生活中，当我们无力去反驳别人对我们的指责的时候，当我们面对上司的无理要求而反抗无效的时候，当遇到形形色色的不公的待遇无能为力的时候，还是把眼光放远一点吧。没必要让这些厌恶的情绪持续地影响我们的心境，并适时地告诉自己："他们的计较是因为他们心中只能装得下眼前这些厌恶，而我们的内心应该装得下过去、现在和未来。所以，我们也没有必要与他们一般见识。"

其实，人与人之间原本是没多大区别，只是因为各自心中的世界不同，而造成截然不同的人生结局罢了。

有一句话说得好："心有多大，舞台就有多大。"要成就梦想，只有扩大

自己的心灵空间，做到心胸宽广、眼界高远，才能得到最大的成功。请记住，你若能容世界，世界就能容你。

心灵悄悄话
XIN LING QIAO QIAO HUA >>>

当心变大时，我们就多了一对眼睛、一双手、一副耳朵。眼望不到的景物，心可以感受到；手够不着的东西，心可以触摸到；耳听不见的声音，心可以聆听到。用心做事，可以明辨是非、洞察秋毫；用心做事，可以匠心独运、巧生于内；用心做事，可以八面来风、生定慧根。世上千事万事，唯有用心做事，才能把事情做大做好、做精做妙。

豁达才能从容

豁达是一种情操，更是一种修养。只有豁达的人，才真正懂得善待自己，善待他人，生活才充满快乐，才能拥有自在的人生。

有一个小和尚非常苦恼，因为师兄弟们总是说他的闲话。无所不在的闲话，让他无所适从。

念经的时候，他的心却不在经上，而是在想师兄弟们说的闲话，越想越生气，于是跑去向师父告状："师父，他们总说我的闲话。"

师父双目微闭，轻轻说了一句："是你自己总说闲话。"

小和尚不服："他们瞎操闲心。"

师父说："不是他们瞎操闲心，瞎操闲心的是你自己。"

小和尚说："他们多管闲事。"

师父说："不是他们多管闲事，是你自己多管闲事。"

小和尚说："师父为什么这么说？我管的都是自己的事啊。"

师父说："操闲心、说闲话、管闲事，那是他们的事。他们说他们的。与你何干？你不好好念经，总想着他们操闲心，结果反而是你在操闲心。你总说他们说你闲话，你跟我说他们的事情，岂不是你也在说闲话吗？你想管他们说你闲话的事，难道不也是你在管闲事吗……"话未说完，小和尚茅塞顿开。

"若能一切随他去，便是世间自在人。"谣言止于智者，闲言止于忍者。人生在世，你只需要活出自己的精彩，不必去介意别人的诽谤和误解。爱说闲言碎语是别人的陋习。如果将这些闲言碎语挂在心怀，只会把自己弄得身心疲惫。世界因为宽容而存在，万物因宽容而繁荣，作为人类，更要学

会宽容。纵观历史上曾经叱咤风云的大人物无一不有一颗宽容的心，也正是因为他们拥有宽容博大的胸怀，能容他人所不能容，他们才能成为历史的天空中最为璀璨的星星。

英国首相丘吉尔在执政期间尽力为民且为人高尚，深受民众的拥护和爱戴。但是丘吉尔的某些做法也损害了一些人的利益，使得他们对丘吉尔颇有微词。

有一次，丘吉尔去参加一个重要会议。在会议上有一位女士对丘吉尔不留情面地破口大骂，说："如果我是你太太，我一定会在你的咖啡里下毒！"会议上的气氛立刻紧张起来，与会人员都望着丘吉尔，想知道他会怎样应付这个突发事件。只见丘吉尔微笑着答道："如果你是我太太，我一定将此咖啡一饮而尽。"大家不由得都在心中为他喝了声彩！

人生在世，难免会受到别人的批评与指责。如果你被批评，那是因为批评你的人会获得一种重要感，这也说明你有成就，而且是引人注意的，所以你根本没有必要去生气。与其气呼呼地去跟人争辩、理论，倒不如用幽默之语、宽容之心将对方的批评与指责化解。

学会宽容，本就是处世的需要。这世间并无绝对的好坏，而且往往正邪善恶交错，所以我们立身处世有时也要有清浊并容的雅量。待人宽容，不仅使指责你的人达不到预期的目的，而且还向世人彰显了你的大度，何乐而不为呢？我们证明自己比别人强的一个有力筹码就是我们有容人之量。

心灵悄悄话
XIN LING QIAO QIAO HUA >>>

很多时候，流言只是一些无聊的人在无聊的生活之余的谈资而已，本身并没有什么恶意。对于这些随口而出的评价，我们也完全可以置之不理，即便是偶然从他们身边路过听到，也可以一笑了之，没有必要将之放在心上。

宁静淡泊才是真正的豁达

宁静与淡泊才是生活的真谛。只有洞悉了这一点。我们在生活中才能做一个紊而不乱、缓而有序、不骄不躁、富有宽容心的人。

在很久之前,有一个国王非常喜欢画。有一天他贴出告示,谁能够画出最能代表宁静意境的画,就赏一千两银子。

告示贴出去之后,全国的画师们各尽所能,把自己最满意的作品送到皇宫,请国王鉴赏。这些画的内容非常丰富,有清幽的湖水,有寂静的山村,也有静谧的黄昏,更有万里无云的一片蓝天……可是,所有的画都没有打动皇帝的心。

一天,有一个游方和尚前来献画,谁也没想到,国王最终选择了一副乌云翻滚、闪电雷鸣、狂风大作、雷雨笼罩群山的画,并将一千两银子赏赐那位画师。

对于国王的选择,大臣们和其他画师很不解。于是,国王又让他们每个人仔细地看那幅画,这时候他们才发现,原来在雨幕中,在嶙峋山石的崖下有一个小缝隙,里面有一个鸟窝,一只小鸟蹲在窝中,安详闲适地待着,外面翻天覆地般的电闪雷鸣,似乎和它没有任何关系,而那些景象也丝毫没有影响到它。

国王说:"宁静祥和,不一定是没有噪声,没有人生活的地方。宁静是一种感觉、一种心态。如果一个人身处逆境之时还能够保持心中的澄澈,那就是宁静的真谛。"

宁静是一种感觉、一种心态。如果一个人在身处逆境的时候也能够保持心中的澄澈,静观其变,那才是宁静的真谛。对于现代人来说,唯有拥有

宁静的心灵，才不会眼热名声显赫，不奢望金银成堆，不乞求声名鹊起，不羡慕美宅华第。因为所有的奢望和欲求，都不过是一厢情愿，只能给生命增添无谓的重负，让自己与快乐和幸福绝缘。

很多时候，人的内心都被外物遮蔽了，为此也给人生留下了不少遗憾。

在学业上，因为不懂得聆听内心的声音，盲目地遵从他人为自己选择的方向；

在事业上，因为看到了众人涌向热门高薪的职业，假装听不到内心的声音，跟随人潮涌向了自己并不喜欢的工作岗位；

在爱情上，因为对经济、地位等非爱情因素的追求，扭曲了内心的声音，错误地选择了人生伴侣……

这一切，让人们离幸福越来越远，变得越来越不开心。导致不幸福的根源，其实就是忽略了自己内心的声音，没能在外界的作用下保持一份心灵的宁静。

在一条老街上，住着一位老人。

年轻的时候，老人绣了大量的工艺品，如今她把刺绣品拿出来卖。东西摆在门前，她从不吆喝，也从不还价，晚上也不收摊。她的生意没有好坏之说，每天的收入正好够她喝茶和吃饭。她老了，也不再需要多余的东西，她过得很满足。

有一天，老人在门前喝茶，一个文物商看到了她身旁的那把紫砂壶。紫砂壶古朴雅致，紫黑如墨，有清代制壶名家戴振公的风格。

文物商走了过去，顺手端起那把壶，他看到壶嘴内有一记印章，果然是戴振公。商人惊喜不已，他想以10万元的价格买下它。当他说出这个数字时，老人先是一惊，然后又拒绝了，因为这把壶是他早逝的丈夫留给她唯一的东西。

虽然老人没有把壶卖给商人，但她心里却难以平静。那天晚上，老人平生第一次失眠了。一把普通的壶突然间成了价值10万元的宝贝，她想不明白。过去，她总是把壶放在身边，闭着眼睛躺在摇椅上养神，可她现在却总是不时地看一眼紫砂壶。更让她感到不舒服的是，周围的人知道她有一把价值连城的茶壶之后，蜂拥而至。有人向她借钱，有人询问她还有没

有其他的宝物，更有甚者半夜推她的门。

老人的生活被彻底打乱了，她不知道该如何处置这把紫砂壶。就在她感到纠结的时候，商人带着20万元的现金再一次登门，老人再也坐不住了。她叫来周围的人，当众摔碎了紫砂壶。

现在，老人又可以躺在门前的摇椅上闭目养神，安享晚年了。

宁静能够沉淀出生活中许多纷杂的浮躁，过滤出浅薄粗鄙等人性的杂质。宁静是一种气质、一种修养、一种境界、一种充满内涵的悠远。老人的安之若素、沉默从容，体现出了她的涵养与理智，更给予了她幸福而绵长的人生。

"淡泊以明志，宁静以致远。"

一个人只有不追求名利，生活简单安然，才能显示出自己的志趣；也只有不追求热闹，环境安宁平静，才能达到远大的目标。

一个真正懂得宽容的人，在物质世界当中，会抱着一种超然物外、游戏人间的心理看待人生，即"以出世之精神，做入世之事业"。

当然，超脱其外绝对不是完全对俗世不理不睬。得正果之人，为义为道都会有强烈的奉献精神，绝不会弃道义而不顾，有时即便因此而遭到别人的非议和毁谤，仍然能按心不动，一副应对自如的姿态，给人好似游戏人间的痴态。

不过，这种游戏人间绝不是玩世不恭，而是让自己的心境轻松，守住做人的本分，从俗事中解脱，不被物质所累，心灵即达圆满。

其实，名利是身外之物，面对名利，我们要做到处之泰然，不惊不喜；失之淡然，不悲不怒。为了名利而累心累身，确实是本末倒置的傻事。诸葛亮在《诫子书》中说："非淡泊无以明志，非宁静无以致远。"这句话道出了人生的许多真谛。追逐名利，是误入歧途。淡泊名利，可能平凡，但是绝不至于会平庸；追名逐利，可能会风光一时，但心灵不会自由，也活不出真正的精彩来。

行走在五光十色的社会中，那种恬静如诗的岁月对我们来说已经成为一种奢侈，内心最真实的声音也在繁忙和喧嚣中逐渐被淹没。对物质的欲望慢慢地吞噬我们的性灵和光彩，让我们留给内心的空间无限缩小，而后

变得郁郁寡欢。在这个浮躁的时代，我们更要坚定不移地去努力，甘于寂寞，保持清静圆满心态不停追求。这就是"淡泊以明志，宁静以致远"。

心灵悄悄话
XIN LING QIAO QIAO HUA >>>

一个人在做人做事上，要达到理想的境界，应使自己经常情绪安宁，心地澄清。无论怎么忙，每天最好能安排出片刻的独处和宁静，在这宁静的氛围中，人的思绪会安静而清晰，最容易归于平和。说不定，就因为你拥有片刻的宁静便可以避免一些鲁莽、浮躁、荒谬、无聊的事情发生，让自己更加宽容地对人、对事。

生气并不能很好地解决问题

随时用心去感悟生命中的每一件事,你就不会因为任何原因而放弃掉生命中本应属于自己的风景。换一种心情,你就能承受生命中不能承载的负荷。

那天,老江喝了一点酒,跌跌撞撞地从饭馆里出来,一下子撞在一位迎面走来的法师身上,不但将那位法师的眼镜撞落在地上,眼镜还戳青了法师的眼皮。有点醉意的老江看了看法师,毫无愧疚的意思,反而理直气壮喊道:"谁让你走路不长眼睛,活该!"

对于老江的无理,法师不予理会,微微一笑转身离去。

老江既尴尬又异常疑惑,好奇地问道:"喂,我把你的眼镜撞在地上摔坏了,弄伤了你的眼睛,还骂了你,你怎么不生气呢?"

"生气既不会使我这破碎的眼镜重新复原,又不能消除我脸上的瘀青、解除我的痛苦,所以我没有生气的理由。如果我对你破口大骂或者与你动粗,不但不能把事情解决,还会进一步伤害我的身体,我是不会去做这种得不偿失的事情的。"法师心平气和地说。

听完法师的话,老江非常地惭愧,问了法师的法号就离去了。

老江本来是一个脾气十分暴躁的人,上学的时候不思进取,没有考上大学便在社会上混,由于脾气不好,常常和别人打架斗殴,工作也不顺心,于是常常自怨自艾。好不容易结了婚,原本以为就可以收收性子,没有想到的是他不但不懂得珍惜夫妻之情,还常常在妻子身上撒气,轻则破口大骂,重则拳脚加身。

有一天,老江去上班的时候发现有一份公文落家里了,于是他返回去取,没有想到的是刚到家门就听到妻子与一名男子在家中说笑。他十分恼

怒，冲进厨房拿起菜刀想杀掉妻子和那个男子。然而，当他举着菜刀冲过去的时候，那男子惊慌回头，眼镜跌落到地上。刹那间，他想起了那个法师，也想起了法师所说的话，他不停地问自己："生气有用吗？生气并不能解决问题。"

就在他一遍一遍地询问自己的过程中，他控制住了自己的情绪，冷静下来的他想道："如果不是自己冷落妻子，时常对她发火，就不会出现这样的情况。这样想来，妻子这样做责任全都在自己身上。"于是，他不但没有鲁莽行事，反而懂得了如何善待妻子。

从那以后，他不但和妻子和睦相处，和同事之间的关系也有所改善，工作也得心应手了，事业上也有所成就。

面对这样的事情，大多数人都会忽略了生气并不能解决问题，不能像法师那样微笑置之。结果让自己火气过多，把自己的理智烧光，从而在不知不觉中将事情的消极影响扩大，甚至就此酿成大祸。其实，大部分情绪是可以控制的，只要能够让自己冷静下来，找回自己的理智，就会发现，生气只是自己在寻找无谓的烦恼。

生活中也常常会遇到各种各样令人愤怒的挫折、逆境，不管怎样都需要平静下来想办法解决问题，要明白无论怎样的情况，生气产生的都是消极的作用，是一件画蛇添足的事情。因此，要尽量避免这种情绪发生，尽量怀着愉快的心情去面对生活中的不如意，你就会发现事情往往会柳暗花明。

有一个渔夫正在河边捕鱼，就在这时他发现一个哭泣的妇女要跳河寻死。

于是他问妇女："你为什么跳河？"

"我……我被丈夫遗弃了。我很生气，所以我不想活了。"妇女抽噎着回答。

"哦，你什么时候认识你丈夫的？"渔夫继续问道。

"我是三年前认识他的，我们刚结婚一年他就另觅新欢不要我了。"妇人越说越伤心，真的要去跳河了。

"你等等,"渔夫及时地制止了她,继续问道,"那三年前没有遇见他的时候你是怎么活的? 没有他你就活不下去了吗?"

"三年前我没有认识他的时候,我生活得很好、很快乐。"妇女回答。

"是啊,三年前你可以活得很快乐,那么三年后的今天没有他你也可以过得很好啊。抛弃你是他的错,你为什么要用别人的错误来惩罚自己呢? 况且你就这样死了他就可以回心转意吗? 即使他后悔了也于事无补啊?"渔夫劝解道。

"是啊,谢谢你让我明白了生命的可贵。如果不是你,我会被气愤冲昏头脑,再也看不见明天的朝阳了。"妇人终于笑了,轻松地离开了。

生活中的许多事情发生就发生了,无法改变,人们却总是因为那些根本无法改变的事实或错误而让自己的心灵承受着巨大的折磨,就像故事中的女人一样,将所有的问题一人承担下来,在万念俱灰、几近崩溃中打算放弃生命,了结此生。这样消极的思想并不能让她的情况发生任何改变,她的丈夫不可能因此而回心转意。试想一想,即使她的丈夫有所悔意,那个时候的她和他也已经生死两相隔了,一切还有什么意义吗?

所以,在生活中,千万不要为一些已经发生的错误而做出毫无意义的牺牲,那样只会在自己气愤低落的情绪中让自己付出代价,抑或是使周围的人受到伤害,而不能让错误本身发生任何改变。生气的影响是十分消极的,没有任何效用,还十分惹人生厌,是一种极其无聊的事情,那么,你喜欢去做一些无聊的事情,寻找无谓的烦恼吗?

心灵悄悄话
XIN LING QIAO QIAO HUA >>>

当生气时,回到你的心,好好地抚平愤怒。这时什么都不必说,什么都不要做,因为生气时的言语或行为,并不能很好地解决问题,相反,生气只会给彼此带来更多伤害。

没人欣赏你生气的面孔

世人都喜欢用笑靥如花来形容微笑之美，笑是最美的表情。没有人会欣赏生气的面孔，即使你拥有绝世的姿容和风度，怒气过甚也会将其全部掩盖。

古希腊神话中，科林斯国王西西弗斯因为得罪了宙斯，死后被打入地狱受惩罚。从此，他遭受永无止境的苦役——将一块巨大的石头从奥林匹斯山下徒步推到山顶，但当巨石被推到山顶的时候，它又会自动地滚落到山下，如此，周而复始。这就意味着西西弗斯永远也不能完成这份任务，永远都要单调地重复令他十分苦恼的苦役。

突然有一天，当西西弗斯正全力以赴做这项工作，并全神贯注地观察自己的每一个动作时，他忽然间发现自己搬动巨石的每一个动作是那么优美、那么和谐。于是，他满意地欣赏并专注地观察着自己全力以赴的每个动作，忽然间他的内心产生了一种尊贵、满足与快乐感，于是，他内心所有的苦恼、疲惫、绝望统统消失得无影无踪……

西西弗斯全身心地欣赏且享受着这份苦役，于是，他不再抱怨和焦虑了。正在他欣赏自己每一个动作的美感时，奇迹便在他身上发生了，诅咒在一刹那间解除，巨石也不再滚回山下，西西弗斯也从永无止境的苦役中获得了自由。

西西弗斯忘掉了苦恼疲惫之后，心境平和地欣赏着自己动作的优美之时，终于解除了诅咒，获得了自由。

的确，任何人都喜欢迎接一副由于饱含热情而微笑的面孔，神也不例外。要知道，没有人喜欢欣赏一副生气的面孔，即便是你血浓于水的亲人、

无话不谈的知己，他们虽然会包容你的任性和冲动，但是你愤怒的容颜一样会让他们生厌，甚至会影响你们之间的感情。更不必说在工作中或者其他方面的人际关系了，容易动怒将会断送你的好人缘。

如果说微笑是优雅的外衣，那么，愤怒则是粗鲁的代号。当愤怒像瘟疫一样不断扩散的时候，人们会因此远离你。威尔逊总统说过一句话："如果你握紧了两个拳头来找我，我可以告诉你，我的拳头会握得更紧。"每个人都会全力以赴地保护自己，当你的愤怒给别人造成伤害的时候，别人也很可能会用同样的方式来回应你。所以，在人生的舞台上，是没有人会去欣赏一场生气的表演的。如果你尽情地去演绎，最终受伤的还是自己。

杰克刚刚在政坛上崭露头角，即将参与竞选的他经人引荐去拜访一位资深的政界人士，希望这位叱咤政坛的前辈能传授给他一些取得成功的经验，教教自己如何获得更多的选票，为竞选添加筹码。

听了杰克的来意，这位资深的政界人士很乐意和他谈一谈，但是在谈话之前他提出了这样一个要求，如果杰克每打断一次他说的话，就得付5美元。

"好的，没问题。"杰克很爽快地答应了他的条件。

"很好，那我们马上就开始。首先就是，你对于你所听到的那些对自己诋毁或者污蔑的语言，一定不要感到愤怒，并且时刻都要注意到这一点。"资深人士说道。

"这个我可以保证自己能做到，无论别人说什么话我都不会生气，对于他们的话我丝毫不会在意。"杰克自信满满地回答。

"哦，那很好，不生气是我成功经验里的第一条，也是最重要的一条。但是现在，坦白说，我是不希望像你这样一个没有道德的流氓来当选……"

"什么？先生，您不能这样……"杰克打断了资深人士的话。

"请付5美元。"资深人士向杰克伸出了手。

"噢！天！这只是一个教训，对不对？"杰克辩解道。

"是的，没错，这是一个教训，然而，这事实上也是我个人的看法……"这位资深的前辈轻蔑地说。

"您为什么要这么说……"杰克似乎要发怒了。

"请付 5 美元。"

"啊！噢！"杰克气急败坏地说道，"您的这 10 美元获得也太容易了，这又是一个教训。"

"当然，你是不是应该先把这 10 美元付给我，然后再继续进行交谈呢？我也不想这样，可大家都觉得你是一个不讲信用和喜欢赖账的人……"

"你太可恶了，你怎么这样诋毁我……"杰克几乎暴跳如雷。

"请付 5 美元。"

"啊！又是一个教训，哦，我必须试着控制自己的情绪。"杰克安慰着自己。

"很好，之前我说的那些话并不是出自我的本意，现在我收回。我觉得你是一个让人尊敬的人，因为考虑到你卑贱的家庭出身，毕竟你的父亲是那样一个声名狼藉的人……"

"你才是个声名狼藉的恶棍！"杰克气得跳了起来。

"请付 5 美元。"政界前辈气定神闲地说，"现在，已经不是 5 美元的问题了，你要知道，每发一次火或者每当因自己受到侮辱而生气的时候，你就会因此至少失去一张选票。对你来说，选票可远远比银行的钞票要值钱得多。"

在这次谈话中，杰克学会了自我克制，但是他为此付出了高昂的学费。

杰克花了很多个 5 美元来上了这样一课，学会应当怎样面对外界环境的干扰，怎样摆脱愤怒的情绪。如果没有这一课，他可能会因此付出巨大的代价，失去选票，甚至会因此永远告别政坛。我们在生活中不是总会得到别人的教导，因此我们更需要注意不要为生气而做出太大的牺牲，一定要学会控制自己的情绪。

生活中你也会遇见这样的人，他们故意激怒你，让你暴跳如雷，目的就是想看到你生气的丑态，把看你出丑当作一种乐趣。面对这样的情况，你更加没有生气的理由。精明的你一定不会让他们得逞，别人越是想激怒你，你越要离愤怒的圈套远一些，让正躲在角落里等着看你出丑的人失望而归。否则当别人知道你跳进了他的陷阱之后，只会给你贴上"笨蛋"的标签。更多的时候是那些让你生气的人并不是有意去惹怒你，但你却因此而

生气，这样听起来更加可笑。对方对于你的生气根本就不知情，你却为此大发雷霆，你所有的愤怒都只是自编自演的一场独角戏。

生气，可能会帮你浇灭盛怒的火焰，宣泄心头的不满，但是绝对不会在别人的心中留下好的印象，风度是从来不会和生气为伍的。因此，学会尽量去控制自己的情绪，别成为生气的奴隶，受情绪的摆布，是保持风度的不二秘诀。

心灵悄悄话
XIN LING QIAO QIAO HUA >>>

当愤怒升起时，拿出镜子看看自己，你会发现，这时的你一点都不可爱，脸上的肌肉紧绷，看起来就像颗随时引爆的炸弹。"大肚能容，容天容地，于己何所不容；开口便笑，笑古笑今，凡事付之一笑。"从中我们不难看到，宽容和笑、愉快在弥勒佛的境界里是连在一起的。有了宽容的胸怀，才有容天容地、容江海的崇高和博大，才有来自心底的真挚笑容。

宽容生活的瑕疵，切勿苛求完美

完美只是生命旅途中的一处景致，稍稍疏忽就会残缺。看了就好，何必记在心间，否则就会成为生命中的不负之重。

一位得道高僧逐渐年老体衰，预感到自己将不久于人世。于是，他决定从两个徒弟中选一个作为衣钵传人。为了找到最合适的传人，他决定考验一下两个徒弟。

一天，这个老和尚对徒弟们说："你们出去给我捡一片最完美的树叶，谁找到了谁就是我的传人。"两个徒弟领命而去，各自奔走。

没过一个小时，大徒弟就回来了，递给师父一片并不漂亮的树叶，并且并无任何难过之意，而是轻松地看着师父。高僧看着他，淡淡一笑，心里说："这片树叶虽然并不完美，但是它已经是我看到最完美的树叶，因为我已经从大徒弟的身上，看到了自己所需要的东西。"

大徒弟已经回来半天了，二徒弟才走回寺中，却空手而归，他对师父说："师父，我看到了很多很多的树叶，但是怎么也挑不出一片最完美的树叶。"高僧听完，哈哈大笑起来，却什么也没有说。

几天后，老和尚把衣钵传给了大徒弟。二徒弟见此，心里有些不满，找到师父理论。师父看着他，说："世界上本来就没有绝对的完美，如果那么完美，哪还有喜怒哀乐，生态万千？看来，你师兄比你要更懂得人生！"

"捡一片最完美的树叶"，人们的初衷总是最美好的，但如果不切实际地一味找下去，一心只想十全十美，最终往往是两手空空。直到有一天，我们才会明白：为了寻找一片最完美的树叶而失去了许多机会，是得不偿失的。

　　瑕疵与错误本来就是生活的组成部分,很多人也许不知道,一公升的糙米经碾过以后,就会消耗掉百分之五的分量,剩下的才是精纯的白米。但是因为从前的碾米机比较粗糙,所以白米里面常常会夹杂着一些碎米糠,许多人在这个时候就会面临一个选择,要么把掺杂了碎米糠的米全部挑出来,要么把它贱卖出去。

　　如果你太在乎这些碎米糠,想将它们全部挑出来的话,就一定要花掉很多时间和精力,这样的话,你就没有余力去做别的工作,反而会得不偿失。与其这样还不如选择把它贱价卖出,这样看似有所损失,但是你却腾出了你的精力和时间,可以在其他方面获利。

　　生活也不可能完美无缺。也正因为有了残缺,我们才有梦,才有希望。当我们为梦想和希望而付出我们的努力时,我们就已经拥有了一个完整的自我。十全十美在现实生活中是很难找到的,这种完美之事只存在于人的想象中。人的美好并不完全取决于完美无缺,而恰恰是因为有缺憾才会有追求和拼搏,才会使自己的生命分外多彩。

　　有一只木车轮被人砍下了一角,它非常的伤心郁闷,下决心要寻找一块合适的木片重新使自己完整起来,于是离开家开始了长途跋涉。

　　这个残缺不全的车轮走得很慢,一路上,风光旖旎,它看见了各种美丽的花朵、高大的树木、一望无际的原野。它还和草叶间的小虫攀谈,听林间的小鸟欢歌……当然它也看到了许许多多的木片,但都不太合适。

　　终于有一天,车轮发现了自己寻觅很久的、适合自己的木片,它惊喜万分,马上将自己修补得完好如初。修好的车轮跑得非常快,它忽然发现,因为自己跑得太快,所以再也看不清花儿美丽的笑脸、大树的英姿,也听不到小虫善意的鸣叫、小鸟悦耳的歌声……车轮沮丧地停了下来,它想要回到原来的世界,于是它把木片留在了路边,自己缓慢地向前走去。

　　从这个故事我们也可以体会到,许多苦恼的根源来自人们心中的一个误解:必须做到尽善尽美,才能获得别人的好感。当人们踏上追寻完美的不归之路时,生活便渐渐变成了专门为他们捕捉过失的陷阱。因此,我们总是因怀疑自己做得不够好而愧疚与担心,担心爱我们的人会因此对我们感到失望,结果却适得其反。

　　其实,人世间,完美与不完美只存在于一念之间。苛求完美只会离完

美越来越远。放弃苛求完美，我们会发现人世间的一切都有它自己的独特之美。俗话说："水至清则无鱼，人至察则无徒。"现实生活中，如果对人、对事、对自己都太过于苛求，就会使自己生活在孤寂和焦灼之中，结果适得其反，所以，一定要学会放弃苛求完美的冲动，以免陷入过于苛求完美的陷阱。

心灵悄悄话

世界上绝对完美的东西是不存在的，因为每个人的视角也都不一样，每个时代的审美也都不一样。什么是美？怎样才算美？在每个人心中有着不同的天平，所以，我们就更无须事事追求完美。让所有人都满意是不可能的事情，为此伤神是极其没必要的。

有容方成大器

虚心诚恳的人懂得人生无止境,知识无止境,事业无止境,因而才能做到知之为知之,不知为不知。海不辞水成其大,山不辞石成其高。虚心才能有容,有容方成大器。

倾听不同的声音,不但是对别人的尊重,更是提升自己、沉淀自己的最佳途径。骄傲的人只能是一只装满水的瓶子,再也装不进去任何东西。人誉我谦,又增一美;自夸自败,又增一毁。因此,无论何时何地,永远都应保持一颗谦卑的心,要时刻谨记:"戒骄戒躁才能精进,虚怀若谷方成大器!"

纽约《太阳时报》主笔丹诺先生在读稿时常常喜欢把自己认为重要的几段用红笔勾出,以提醒排校人员"切勿将它遗漏"。

但是有一天,一位年轻校对员偶然读到一段文字,也是被人用红笔勾出的,上面大致是说:"本报读者雷维特先生送给我们一个很大的苹果,在那通红美丽的皮上露出一排白色的字。仔细一看,原来是我们主笔的名字。这真是一个人工栽培的奇迹!试想,一个完整无缺的苹果皮上,怎样会露出这样整齐光泽的字迹呢?我们在惊奇之余,多方猜测,始终不明白这些奇迹是怎样出现在苹果上的。"

那个年轻的校对员是一个常识丰富的人,他读了这段文字不禁好笑起来。因为他知道只要趁苹果还呈青色时,用纸剪成字形贴在上面,等苹果发育红时,将纸揭去,就会出现这些字,这根本是个小朋友的恶作剧而已。

所以,这位年轻的校对员心想,这段文字如果登了出来,必将被人讥笑,说他们的主笔竟会愚笨至此,连这样一点小"魔术"也会"多方猜测,始终不明……"因此,他便大胆地将这段文字删掉了。

次日一早,主笔丹诺先生看了报纸,立刻气呼呼地走来,向他问道:"昨

天原稿中有一篇我用红笔勾出的关于'奇异苹果'的文章,为何不见登出?"

校对员诚惶诚恐地把他的理由说明后,丹诺先生立刻十分诚挚和蔼地说:"原来如此。你做得十分正确,以后只要有确切可靠的理由,即使我已用红笔勾出,你仍不妨自行取舍。"

在这件事上,丹诺先生充分显示了他并不是一味坚持己见的人,而是一个能够接受他人正确建议的大度之人。

人类有着几千年浩瀚的文明史,与它的博大精深相比,一个人所掌握的知识就如同沙漠里的一粒沙,大海中的一滴水,几乎是微不足道的,就算是再怎么努力的人,也无法掌握其中之万一,更别提骄傲自满、自以为是的人了。只有不断学习,时刻保持谦虚上进的心,才能尽可能地把自己知识的圈子扩大,接触到更多。

所以,不管别人把你评价得有多么高,永远都记得向别人请教,请好好记着这句话:"三人行,必有我师焉!"你永远都要清醒地对自己说:"我知道的还远远不够,每个人都是我的老师。"就算是对于擅长的东西,我们也不应矫揉造作,因为炫耀易流于自大,自大则不免招致轻视。展示也应以谦虚的态度流露,以免流于粗俗。赢得一次辉煌的成功后再进行下一次,获得热烈的掌声后再期待更大的成功。

心灵悄悄话
XIN LING QIAO QIAO HUA >>>

如果一个有成就的人,能够放低自己的姿态,把自己置身于与其他人平等的氛围中,谦卑、礼貌地对待别人,那么,便多了一份收服人心的资本,就可能为自己的事业招揽到更多优秀的人才,还会赢得尊重。只有宽容的人才能让人感受到发自内心的诚意和尊重,这不是金钱和地位所能打动的。

心胸宽阔，摘掉妒忌的毒瘤

妒忌别人不会给自己增加任何好处，妒忌别人也不可能减少别人的成就。拥有一颗宽容的心，不要只看到他人的长处和自己的短处，平和地面对外界事物。

有一个人遇到了佛陀，佛陀说："我可以满足你的任何的一个愿望。"这个人听了之后十分高兴，因为佛陀没有限制他许任何愿望。"但是，"佛陀又说，"你得到的任何东西，你的邻居都会得到双份。"

这个人冥思苦想，不知道该向佛陀许怎样的愿望，因为他想，如果他许愿要一亩田地，那么他的邻居就会白白得到两亩；如果他要一箱珠宝，那么他的邻居就会得到两箱，如果他许愿要一个美女，那么那个家伙就会同时得到两个美女。他想来想去都不知道该向佛陀怎样许愿，最后，这个人终于下定决心，对佛陀说："请你挖去我的一只眼珠吧！"

妒忌是自古以来便潜伏在人们心中的原罪之一。在古代，因妒成恨，既而引发战争的事件屡屡发生。在当今，因为妒忌而发生的流血事件也并不罕见。而我们身边的许多人更是时常因为一些小事生出郁闷之情，究其原因，则无非是眼热同事比自己多拿一份薪水，或是妒忌原先不如自己的老同学节节攀升，再或是眼红其他人财运连连。

爱默生说："凡是受过教育的人最终都会相信，妒忌是一种无知的表现。"然而，无论是高高在上的国家领导，还是满腹经纶的学者教授，或是腰缠万贯的富豪商贾，只要不是占尽了人间美事者，都难免偶尔产生妒忌之情，就更别提我们这些平民百姓了。因此，会妒忌他人，并不是一件多么可耻的事情。但若因妒忌他人而失去了自己成功的机会，这样的人虽不可

耻，却是十足的大傻瓜。

如果妒忌他人的优越和快乐，不要想着去破坏，应当将其作为努力的目标去和对方看齐，让自己也变得像对方一样优秀，这样，就不会掉进妒忌的陷阱里无法自拔，反而会提高自己。并没有什么人与我们有仇，也并非有什么事情导致我们的情况变得糟糕，真正使我们陷入困境的竟然就是由于看到别人的好运而产生的妒忌心理，它就像一根刺一样插在心上，让人十分疼痛，让你变得怨恨他人，心胸狭隘，缺乏修养，甚至会毁掉你的人际关系。

一个穷人在集市上卖乳酪，这时候，一只花猫跑过来，趁穷人不注意，叼起一片乳酪就跑了。这个小偷的举动被一只黑猫看到了，黑猫心生妒忌，就想将乳酪从花猫那里抢过来。花猫当然不会将到手的美味拱手相让，于是两只猫厮打起来，展开了一场激战。花猫又叫又咬，黑猫又抓又挠，但是它们筋疲力尽也没有分出胜负。

这时候，正巧一只狐狸从这里经过，于是花猫建议让狐狸来做裁判，黑猫点头同意，它们叫住狐狸，请它帮忙，为他们做出合理的裁决。狐狸听完了两只猫争吵的原因，看到了那片乳酪，摆出一副十分明智的样子。

"你们这两个愚蠢的家伙啊！"它大声呵斥道，"有什么必要打架呢？你们两个都想吃到乳酪，那么就将这块乳酪切成两块，这样，大家不都有份了吗？"

两只小猫点头同意，于是，狐狸拿出一把刀子在乳酪上随意地切了一刀，然后将其中一块给了花猫，另一块给了黑猫。

当花猫正要吃的时候，黑猫抗议道："它的那块比我的那块大。"于是狐狸就在花猫的那块乳酪上咬了一口，说："现在一样了吧？"

"快看看哪，我的这块又小了。"花猫大声叫着。

狐狸戴上了眼镜，说道："你说的没错。"于是又在黑猫的那块乳酪上咬了一口。

狐狸一会儿在花猫的乳酪上咬一口，一会又在黑猫的乳酪上咬一口，就这样不断反复着，因为黑猫和花猫总是在不断看对方的那块乳酪有多大，看到对方的乳酪比自己的大就会抗议。到最后，它们的乳酪被狡猾的

狐狸咬得只剩下很小的一块,一大片的乳酪就这样几乎都进了狐狸的嘴巴里。

　　妒忌他人的人是可笑的,因为他们不能容忍别人的快乐与优越,因此就会实施各种手段,挖空心思甚至采取各种卑劣的手段去破坏别人的幸福,到最后,妒忌摧毁的不是他人,而是自己。

　　妒忌是一种突出自我的表现。无论什么事,首先考虑到的是自身的得失,因而引起一系列的不良后果。若出现妒忌苗头时,即行自我约束,摆正自身位置,多一些宽容之心,可能就会变得"心底无私天地宽"了。

　　著名诗人艾青说:"心灵上的肿瘤,你要不警惕,不痛下决心把它割掉,它就会像锈蚀铁那样,以自身的气质腐蚀自己。"要知道,没有人会因你妒忌对方而分给你丰硕的果实,并且,妒忌的情绪状态会让你越来越痛苦,当妒忌心存在时,人们总是会看到对方的累累硕果以及自己的不幸遭遇,这些都会让自己感到痛苦万分。

　　妒忌其实是一把双刃剑,害人害己。一个人若有一点妒忌心是很正常的事,它还有可能成为自己前进的动力,奋发的源泉。可这种情绪不能无限扩大,否则会成为一颗毒瘤一样无时无刻不侵蚀着你的心灵。所以,当你看到别人享受丰硕的成果时,不要去妒忌对方,你应当在这时候思考对方对此付出了怎样的代价。与其妒忌让自己生气,不如将其作为榜样去努力,将自己的碗里也装上满满的乳酪,努力去达成自己的愿望。

心灵悄悄话
XIN LING QIAO QIAO HUA >>>

　　有妒忌心的人常常盯着别人的缺点,对别人的长处不是视而不见,就是故意诋毁。其实,这只能说明自己气量狭小。我们要有宽阔的胸怀、谦虚的态度,像古人说的那样"见贤思齐",不是去妒忌别人,而是虚心向别人学习,争取和别人一样有所建树。

放下才能解脱，宽恕从心开始

放下是宽恕的开始，真正懂得放下的人是智慧与容忍的结合体。有斗士的力量，有沉静的平和。他们能承受喜悦与悲哀的突然发难。

人生最难的是放下，所谓江山易改，本性难移。喜怒哀乐是人最本质的东西，要做到淡然处世并不是一朝一夕的事情。

"放下"，是非常不容易做到的。有了功名，就对功名放不下；有了金钱，就对金钱放不下；有了爱情，就对爱情放不下；有了事业，就对事业放不下；而有了怨气，就对仇恨放不下。因为诸多计较，试问还能做一个宽容的人吗？

这些重担与压力，可以使人生活得非常艰苦。必要的时候，"放下"不失为一条幸福解脱之道！只有放下才能得到心灵的救赎，才能拥有宽恕的心灵。

当威尔逊接到警察的电话时，他正在花园里拔杂草。当他赶到医院的时候，让他万万想不到的是早上还和自己说"早安"的儿子已经永远地闭上了眼睛，悲痛欲绝的他当场晕了过去。

当他再次醒来的时候，警察给他讲述了事情的经过。原来儿子是被几个不良少年殴打致重伤，在救护车到来之前，就已身亡。威尔逊不愿相信这个残酷的事实，但是儿子冰冷的身体却让他不得不接受这个悲惨的命运。

两天之内，警察将那几个不良少年一一逮捕。人们呼吁严惩这些不良少年，报纸也希望采取最严厉的惩罚。然而，此时，威尔逊却寄去一封长长的信，他要求尽可能减轻那些少年的罪行，并成立一笔基金，作为他们出狱重新生活及社会辅导的费用。

其实，威尔逊并不是天生的圣人，他愿意放下仇恨，原谅那些少年，也是内心经过激烈斗争的结果。在恨与不恨之间，通过坚强的意志，威尔逊用宽恕之心战胜了那些恨，最终才能够宽容那些不懂事的孩子。威尔逊在信中说："我并不恨那些孩子，我只恨控制那些孩子内心的病态人格。所以，我希望让那些孩子从残暴、粗鲁、仇恨、病态的人格中重生，为此，我愿意提供金钱来帮助他们，让他们获得新生。"

自始至终，威尔逊恨的是这件事，而不是人。

放下即是快乐，放下就是宽容。这就是作为一个父亲，对于剥夺了儿子生命之人的宽容。于人于己同一标准，宽己同样能够宽人。宽容别人，并不是指容忍所有错误的行为及不正常的性格。如果你能够学会"针对事情而不是针对人"，那么你会发现放下并不是那么难，培养宽容心态是多么容易。

宽容作为一种修养，是非经过艰苦的修身养性而不可得的。因为要做到宽容，那就应该既包容善美，也包容污垢。但是后者对很多人来说不可想象，因为在人们的印象中，污垢只能是被消灭掉。但是，如果世界是善恶分明的话，那就根本不会有这么多是非了。

宽容的最高境界不是压抑内心的厌烦勉强忍耐，而是做到无欲无我。宽容是那种真智慧的心灵自然而然地显现，没有半点儿做作和强加，所以老子说"上善若水"。如果一个人能像水那样，含污而不失本色，甘愿居卑地而处，那大概就是圣人了。

心灵悄悄话
XIN LING QIAO QIAO HUA >>>

良好的心境是心灵的天堂，故此，要想拥有宽容大度的胸怀，首先要有一颗宽容的心。唯其如此，我们才能领略到"蓝天白云、阳光沙滩"的人生意境，才能品味"宠辱不惊，看庭前花开花落；去留无意，望天上云卷云舒"的人生情怀。

第二篇 >>>

学会感恩，减少抱怨

　　我们每个人所期望的幸福，其实就是有一颗感恩的心、一个健康的身体、一份称心的工作、一位深爱你的爱人、一群值得信赖的朋友。假如我们用宽容的心态对待生活，善待挫折，少些抱怨。习惯于感恩他人，那么，你一定会得到他人更多的信任和喜欢，你也将会得到生活更多的眷顾和宠爱。

　　不抱怨的人是最快乐的人，没有抱怨的世界是最美好的世界。不抱怨，成功人生的第一做人态度，常感恩，幸福生活的最佳心灵处方。不批评，不责备，不抱怨，常宽容，常分享，常知足。

用宽恕的心态感受生活

宽容是一缕阳光，它可以照亮别人内心的黑暗；宽容是一丝春雨，它可以滋润别人干涸的心田；宽容是一粒爱的种子，它可以在别人的心中萌芽。用宽恕的心态对待生活，你也会得到生活回报你的满园馨香。

他来自农村，带着妻子孩子来北京讨生活。

他每天在建筑工地上工作，夏天曝晒在烈日下，汗流浃背；冬天在大雪纷飞中忍受严寒。所有的苦他都吃过，但是，为了生活他不得不继续忍受下去。

有一天，他又拖着疲惫的身子回到家中，看到妻子一如既往地在厨房中忙乎着为他做饭、烧水；几个孩子在屋中快乐地嬉戏，一见到他回家，便都兴奋地扑了上去……这时候，他发觉自己简陋的小屋中竟然充满了别样的温馨。

他慢慢地走进厨房，充满爱意地将妻子抱起来，转上一圈。妻子的体重并不比五十公斤重的石头轻多少，但是，他的内心却洋溢着幸福的味道。

这样一个小小的动作就将他一天的疲惫赶走，再也感觉不到任何劳累了。他不再抱怨生活的不公，因为他有一个勤俭持家的妻子、几个活泼可爱的孩子。上天其实并没有亏待他，他有别样的幸福。

故事中的他没有名车豪宅，每天在建筑工地上风吹日晒的他因为感恩，而不再抱怨，从而感受到了幸福其实就这么简单。感恩不纯粹是一种心理安慰，也不是对现实的逃避，更不是阿Q的"精神胜利法"。感恩是一种歌唱生活的方式，它来自对生活的爱与希望。感恩之情是滋润生命的营养素，它使我们的生活充满芳香和阳光。一个不懂得感恩的人即使家财万

贯,仍是个贫穷的人;懂得感恩的人,才是天下最幸福的人。

生命中有太多东西值得我们感谢,感谢父母给予生命,感谢老师给我们教导,感谢朋友给我们温暖,感谢爱人给我们包容的爱,感谢朝阳给我们希望,感谢黄昏给我们美的享受,感谢每一次花开,感谢每一场甘露,感谢在生命的旅途中有你相伴,感谢我能够存活于这美好的人间,感谢那些对自己吐真言的人,甚至感谢每一次磨难,因为它使我们更加坚强。只有我们懂得感恩,才会发现这个世界的美好;只有懂得感恩,才不会错过每一个风景。

感恩是要保持一种宁静的宽恕心态,宁静是一种人生感悟,一种铭心刻骨的体验。以宁静之心应对纷繁复杂的烦躁之遇,以不变应万变,从而学会欣赏生命,阅读人生,尽览人间万象,品味自然神韵。

如果我们有了一种宽恕心态,凡事皆可以用不变的平常之心去面对。当然,这是大方面的要求。在具体的问题上,我们还是要学会变通,就像下面故事里的雪松一样。

加拿大魁北克省有一条南北走向的山谷。山谷没有什么特别之处,唯一能引人注意的是它的西坡长满松、柏、女贞等树,而东坡却只有雪松。为什么会有这样的奇异景色呢?揭开这个谜底的是一对夫妇。

那是1993年的冬天,这对夫妇的婚姻正濒于破裂的边缘。为了找回昔日的爱情,他们打算做一次浪漫之旅,如果能找回就继续在一起,否则就友好分手。他们来到这个山谷的时候,下起了大雪,他们支起帐篷,望着漫天飞舞的大雪,发现由于特殊的风向,东坡的雪总比西坡的大且密。不一会儿,雪松上就落了厚厚的一层雪。不过当雪积到一定程度,雪松那富有弹性的枝丫就会向下弯曲,直到雪从枝上滑落。

这样反复地积,反复地弯,反复地落,雪松完好无损。可其他的树。因为没有这种本领,树枝被压断了。妻子发现了这一现象,对丈夫说:"东坡肯定也长过杂树,只是不会弯曲才被大雪摧毁了。"刹那间,两人突然明白了什么,拥抱在一起。

生活中我们承受着来自各方面的压力,积累着终将让我们难以承受。

这时候，我们需要像雪松那样弯下身来，释下重负，才能够重新挺立，避免被压断的结局。弯曲并不是低头或失败，而是一种弹性的生存方式，是一种生活的艺术。

社会不断发展，社会压力和竞争力与日俱增，我们的生存空间和环境越来越复杂多变，人们对物质生活水平的要求也越来越高，若你不能以一种豁达乐观的心态来面对无处不在的激烈竞争，去面对生活中无处不在的来自各个方面的压力和挑战，那么就随时都有可能被乌云密布的氛围所笼罩，你就不能拥有轻松愉快的生活。

其实，成败得失都有其自然法则，毁誉褒贬皆为平常中的道理。只要怀着平常之心，我们就能做到豁达而不失节制，恬淡而不失执着，宁静而不失勤勉。就能领悟到苦、乐、酸、甜、悲、喜之中皆包含着真滋、真味，沉浮兴衰枯荣的更迭交替中也自隐藏着自然的深奥玄机。

所以，我们要以宁静的宽恕心态来感受生活，但是在压力、挫折来临时要学会变通。

心灵悄悄话
XIN LING QIAO QIAO HUA >>>

一个微笑、一份信任、一点宽容的力量比大声争吵更加强大，它们能让那些被放逐的心重新振奋，那些冷却的感情重新沸腾，在自暴自弃的牢笼中重新审视自己的心与形，在生命不可承载的重量中获得新生。

包容琐碎,给心灵减负

凡俗的我们在这个世界上行走,我们只有用豁达的心胸才能包容生活的琐碎,才能走得更远。拥有豁达,你的精神就会清澈透明,就会拥有快乐。

一天,狮子大王来到一个天神的面前,毕恭毕敬地说:"感谢您天神,谢谢你让我拥有了如此雄壮威武的体格,如此强大无比的力气,让我有足够的能力统治这整片森林。如果不是您,我无法建立属于自己的森林帝国。"

天神笑了笑,说:"狮子大王,我也很谢谢你的知恩图报。不过,我觉得你一定还有其他的事情有求于我。看起来你似乎在为某事而困扰呢!"

狮子大王说:"天神,您真的是无所不知无所不晓啊!确实,我今天有事相求,希望天神一定要帮忙!"

天神点了点头:"什么问题,你说吧。"

狮子大王急忙说道:"天神,尽管我现在统治着森林,可是每天早上我都很痛苦。因为那些鸡总会打鸣,并且时间很早,我总是会被鸡鸣声吓醒。祈求您,再赐给我一个力量,让我不再被鸡鸣声给吓醒吧!"

天神笑道:"其实这件事不用我,大象就能帮你解决。你去找它吧!"

告别了天神,狮子大王急忙来到了大象的领地。还没看见大象,他就听到大象踩脚所发出的"砰砰"响声。狮子跑过去,好奇地问:"大象,你怎么了,怎么在这里发脾气?"

大象使劲地晃着脑袋,说:"有只蚊子钻进我的大耳朵里了,现在我非常痒!"

看着大象的痛苦,狮子想道:"大象体积这么大,却怕一只小蚊子,那么,我又何苦害怕一只鸡?毕竟鸡鸣也不过一天一次,而蚊子却是无时无

刻不骚扰着大象。这样想来，我可比他幸运多了。"

狮子回到家，看到远处正在散步的鸡，对自己说："人家鸡打鸣是天性，我不可能不让它打鸣的！既然如此，我也没必要痛苦了。反正以后只要鸡鸣时，我就当作鸡是在提醒我该起床了。如此一想。鸡鸣声对我还算是有益处的。"一下子，狮子高兴了起来，不再因为这件事折磨自己。

人生的道路上，无论我们有多好的条件，失意的事情总是不可避免。如果因此我们就抱怨老天不公平，进而祈求老天赐给我们更多的力量，帮助我们渡过难关，这着实是个幼稚的行为，更是不健康的心理状态。实际上，老天是最公平的，就像它对狮子和大象一样，失意同样有它存在的价值。豁达是一种自我精神的解放。如果每天为了生活的得与失、忧与愁煞费苦心，心灵的窗户就会被蒙上灰暗的色彩，就无法理解生活的真正含义，人生也就没有了快乐可言。

豁达更是一种超凡脱俗的气质，拥有豁达便拥有了一种淡泊宁静的高雅，会有"采菊东篱下，悠然见南山"这种云淡风轻的感悟。用豁达的诚挚和热情去感受生活，没有了琐事的羁绊和缠绕，也就使身心获得了解放，自有一片自由的天地任你驰骋。

连续忙了几个月，这个周末苏珊终于可以歇息一下了。早上起床的时候本想打个电话问候一下自己的闺蜜罗斯，可是她的两个调皮的孩子总是在身边不停地动来动去，或者拽着她的衣角，或者问她一些问题，把她弄得心烦意乱。烦躁的她终于忍不住向孩子大喊一声，然后粗暴地挂上电话，抓过孩子们就是一阵打骂。孩子们不知道自己犯了什么错，只好在那儿不停地抽泣。

苏珊的大好心情也因此而被破坏了，她想着早上的事情，倒牛奶的时候不小心洒出来烫到了自己，心里不断嘀咕："都怪这两个淘气的孩子。"洗碗的时候心不在焉，她打碎了一只杯子，虽然不值几个钱，但是苏珊十分恼火，认为都是因为两个孩子的吵闹使她的心情变得十分糟糕。事情还不止这样，洗衣服的时候，苏珊发现她心爱的毛衫上面那颗漂亮的扣子居然出现了一道裂痕，她简直要崩溃了。就这样，她几乎一天都没有什么好心情，

带着火气擦地、整理衣物,时不时教训着两个孩子。就这样,她的周末过去了一天。晚上的时候,丈夫回来,她没有心情说一句话,打了个电话约出朋友罗斯就摔门而去,刚回家的丈夫被她奇怪的举动搞得一头雾水。

苏珊见到罗斯,立即开始诉苦,不断抱怨这一天发生的事情,一边说一边生着气,不断重复着那句:"都是这两个捣蛋鬼,弄得我心情一整天都非常糟糕。"罗斯微笑着听完她讲述的一切,说道:"孩子有什么错呢?不高兴的事情都是你自己造成的,更何况,那是多么微不足道的一件事情啊?你为什么把自己弄得不高兴一整天呢?"

苏珊这才反应过来,孩子还小,缠着大人是常事,为什么自己今天的表现如此糟糕,难道自己果然为了早上的一件小事情而不愉快一整天了?

你是不是也有过这样的经历,在你愤愤不平地向好友抱怨某个同事怎样对你另眼看待,向父母抱怨妻子或者丈夫有多么不理解人之时,却得到这样的回应:"就这样的小事情呀。"

其实,生活中根本就没有那么多的烦心事,而是你将一件本来无足轻重的小事一而再,再而三地放大,然后为自己套上精神枷锁,不但将自己弄得疲惫不堪,还影响到身边人的情绪。长此以往,你会发现令你生气的事情是越来越多,而你的朋友却越来越少。

生活一直都是美好的,只是生活中的一些境遇让我们痛苦失望而已。就像一条奔流不息的小河,偶尔遇上激流和浪花,我们就不承认它的祥和宁静一样。只要有一双发现美的眼睛,美就无处不在。

心灵悄悄话
XIN LING QIAO QIAO HUA >>>

生活中,我们看起来像被生活情境所逼迫的无助受害者,然而,我们没有意识到自己是否拥有一颗谦卑的心,是否会主动积极地去承担生活中的各种情况给我们带来的麻烦、痛苦、羞辱和不堪,是否能以柔软的心来接纳生活的安排?其实,想要快乐很简单,只要我们学会和生活和睦相处,将抗拒和抱怨变成接纳和行动,一切就会往好的方向发展!

善待挫折，找到另一个出口

上帝在关闭一扇门的同时，已经悄然为你打开了另一扇窗。只要你还拥有生命，不管处于什么样的困境，你都可以找到生命中的另一个人生出口。

在车祸发生之前，曲乐恒一定坚信他的人生就和他的名字一样，一辈子快快乐乐地生活下去。是的，那时候的他有什么不快乐的理由呢？这个在超霸杯中连中三元的球场猛将，像一个王者一样傲视他的领地。那些在观众台观看比赛的观众就是他的子民。当他的球射入球门的时候，观众爆发出的震撼人心的尖叫声就是对这个球场霸王的成绩的肯定。谁能料到，这个驰骋疆场、叱咤风云的人物居然只能在球场上昙花一现？

车祸发生之后，人们再也没有在曲乐恒脸上看到过笑容，那种在球场上肆意挥霍的霸气，在生命面前卑微地垂下了头。曲乐恒总是悲观沮丧地出现在大家的视线中，他生命中的快乐因素似乎随着车祸的发生一起撞得粉碎了。曲乐恒这个名字就好像是对他那张凄苦的脸硬生生地嘲笑。在经历漫长的赔偿官司之后，人们原本以为得到巨额的赔偿会令这个曾经的球场骄子一展笑颜，但是曲乐恒让大家失望了，如果可以，他宁愿自己给别人这么多钱，只要能让他重新站起来，能让他重回他热爱的球场。

要想让一个人振作起来，远比击垮一个人要难。当大家对曲乐恒快要失去信心的时候，这个年轻人又变得坚强起来了，他自己清醒地意识到，颓废不能帮助他解决任何问题，也不能赢得大家的尊重，人们给予他的只有同情，而他，是一个不需要接受同情的人。没有了腿，还有一双手，曲乐恒就用这双在球场上几乎不怎么运用的双手重新捍卫了他王者的尊严。在

大家意料不到的情况下，曲乐恒顽强地拿起了剑。首届全国轮椅击剑赛上，他夺得了8级花剑个人赛铜牌。笑容又回到了曲乐恒的脸上，他觉得不管怎么生活，他都必须活下去，与其哀怨地等着大家可怜，何不自己拿起宝剑保卫自己的尊严。

这个坚强的男人又一次以一个王者的姿态出现在大众眼前。

上帝早就为每个人的人生设置了很多大大小小的路障，这些都是可以跨过去的，没有一个人一生都处于逆境之中，即使身处逆境，只要那个人能看到希望，能够艰苦奋斗，就能改变自己的不利处境。困难虽然在当时的时候令人感觉痛苦，失去一些东西，但是将问题解决之后，你会收到比付出更多的东西，那是一笔永远不会贬值的人生财富，是推动一个人成功的动力。

我们的人生没有天气预报，我们不能提前知晓人生气象，所以，当阴雨天到来的时候，除了抱怨之外，还有不知所措。在人生闯荡的过程中，没有什么事情是一帆风顺的。一片坦荡的成功不存在，每个人都会遇到或大或小的挫折。如果我们执着于那些困难的话，我们就永远不可能跨过那个坎。

挫折和困难是成功的前提，是它的一部分。

世界上在逆境中翻身的人何止千万，他们在底层拼搏求生，锻炼在这个弱肉强食的世界里生存的能力，他们最终成为一个成功的人，铸就一段成功的人生。

所以，人生总是会有一种结局的，一个困难总不会陪着我们走到最后。要想给人生画一个圆满的句号，我们就要正视人生的下雨天，坚信晴天就在不远处。

席勒是美国著名的潜能开发大师，他经常到全国各地去演讲，精彩的演讲配合席勒坚定的语气，使很多人都备受鼓舞。

他经常挂在嘴边的一句话是："一切的困难背后，必定有一个巨大的幸福在等着。"这句话激励了全世界很多人，其中也包括席勒年幼的女儿。

发生意外事故而截肢的女儿只有几岁，然而，在不幸面前，这个年纪幼

小的女孩子表现出了超乎常人的意志力。

在席勒自己都不能控制情绪的情况下，小女孩反过来安慰自己的爸爸："爸爸，您不是说过，困难的背后会有一个很大的幸福吗？虽然我没有腿了，可是我还有手！"坚强的小女孩依靠自己的努力，成了一个十分厉害的全垒球王。

上帝是公平的，在给予你某个东西的同时，就一定会带走某些东西，以达到人自身的平衡。然而，只要你还拥有生命，不管处于什么样的困境，你都可以找到上帝为你早早预置的另一个人生出口。在关闭一扇门的同时，上帝已经悄然为你打开了另一扇窗。

很多时候人们会觉得自己命运悲惨，没有别人的美貌，也没有显赫的家世，甚至没有健全的身体，每当这种情况出现的时候，人就会为自己的命运感到愤然。

实际上，我们不觉得自己幸福，对自己的人生没有感恩的心，并不是因为上天的不公平，而是很多时候人处于一种身在福中不知福的状态下，我们感觉不到幸福，是因为我们并没有意识到，有些离合悲欢、伤心痛楚也是幸福。

人都是贪心的，对有些注定不属于自己的东西永远不知道满足，对自己所拥有的又不懂得珍惜。"塞翁失马，焉知非福"，说不定，一个转身的距离，你就能拥有完整的人生。

如果我们的眼光总是集中在困难、挫折、烦恼和痛苦上，那么，我们的心灵就会被一种渗透性的消极因素所左右，就会把"黑点"看成大片阴影，甚至是天昏地暗。其实，这种倒霉透顶的感觉并不真实，而是一种含有严重夸大和歪曲的消极意识和心理错觉。这种习以为常却又十分荒谬的心理倾向，也许正是我们心灵在地狱中煎熬，我们的人生走向最终失败的心理渊源。

为什么有人似乎已经山穷水尽，却能让自己走向柳暗花明？

这是因为有的人善于看到生活中的"白点"，善于在黑暗中看到光明，在哪怕似乎无望的生活中，也总能看到希望的阳光。心怀希望的阳光，就会给我们的人生注入强大而神奇的精神力量，就会让我们积极地面对生活

的困境,把困境带来的压力升华为一种力量,引向对己、对人、对社会都有利的方向,在获得人生成功的同时,获得积极的心理平衡,收获心灵的幸福。

心灵悄悄话
XIN LING QIAO QIAO HUA >>>

在人世间奋斗的每个个体,没有一个是不经历灾难的,谁都会有一些撕心裂肺的痛苦。但是,不管你处于什么不能自拔的痛苦中,都不能放弃希望,有了希望才会有继续奋斗下去的动力,才能找到通往成功人生的出口。在困难面前,每个人都有重生的机会。

感谢挫折，它是超越自我的契机

生命是一次次的蜕变过程，唯有经历各种各样的挫折，才能拓展生命的厚度。所以，我们要感谢折磨我们的人，因为他锻炼了我们的毅力。

从前，有一位德高望重的渔夫，有着极为高超的捕鱼技术。渔夫因为自小就善于捕鱼，很早就为自己积累下了一大笔财富。然而，随着年龄的增长，年老的渔夫却一点也不快活，因为他为自己的三个儿子发愁，三个儿子的捕鱼技术都极为平庸。

为此，他就对生活在附近的一位禅师倾诉心中的苦闷："我实在是弄不明白，我的捕鱼技术如此好，而我的三个儿子却为什么没有一个能成才的？我从他们懂事的时候就开始不停地把自己的捕鱼技术传授给他们。我从最基本的开始教起，总是告诉他们如何织网最结实、最容易捕到鱼，怎样划船才不会惊动水里边的鱼，怎样下网最容易请鱼入翁。等他们长大后，我又传授给他们如何识潮汐、辨鱼汛……凡是我多年来辛辛苦苦积累出来的经验，我都毫无保留地传授给了他们。但是为何他们的捕鱼技术还不如海边那些普通渔民家的孩子们！"

禅师听了他的话，便问道："你一直是这样手把手亲自教他们的吗？"

"是呀，为了让他们学会一流的捕鱼技术，我教得很是仔细，很是认真，从来没保留什么！"渔夫回答。

"他们也一直跟随你吗？"禅师又问道。

"是的，为了让他们少走弯路，我一直让他们跟着我学习。"渔夫说道。

禅师说："这样说来，你的儿子们的捕鱼技术就不会好到哪里去！你只知道传授给他们捕鱼技术，却从来没有传授给他们教训，也不让他们亲自下海多演练。没有经历任何艰险，如何能准确地领悟到你的那些经验呢？"

是啊,渔夫的儿子们从来没有经历过任何磨难,没有遇到过任何挫折,他们如何能获得成长呢?在生活中,只有经历磨难的人,才能更快、更好地成长,生命也只能在不幸与困境中得到升华。在人的一生中,总会遇到灾难、失业、失恋、离婚、破产、疾病等各种各样的厄运,即便你比较幸运,没有遭遇,也可能会遇到来自生活的各种各样的压力和烦心事,当你面临或遭遇它们的时候,就一定要用一颗感恩的心去拥抱它们,正是他们才给了你更多成长和锻炼的机会,让你以更为坚强的心态去面对生活中的一切。

事实就是这样,没有经历过风雨折磨的禾苗永远结不出饱满的果实,没有经历过挫折的雄鹰永远不能高飞,没有经历过磨难的士兵永远当不上元帅……这些就是自然界告诉我们的一个极为简单的真理:一切事物如果要变得更为坚强,就必须要经历一些不幸和困境。

蝴蝶的幼虫是在一个洞口极为狭小的茧中度过的。当它的生命要发生质的飞跃的时候,这个狭小的通道对它来讲无疑如同鬼门关,那娇嫩的身躯必须要竭尽全力才可以破茧而出。许多幼虫在往外冲杀的时候力竭身亡,不幸成了飞翔的祭品。

有人动了恻隐之心,企图将那幼虫的生命通道修得宽阔一些,他用剪刀将茧的洞口剪大一些。这样一来,所有受到帮助而见到天日的蝴蝶都不是真正的飞行精灵——它们无论如何也飞不起来,只能拖着丧失了飞翔功能的双翅在地上笨拙地慢慢爬行!原来,那"鬼门关"般的狭小茧洞恰恰是帮助蝴蝶幼虫两翼成长的关键所在。穿越的时候,通过用力挤压,血液才能被顺利地输送到蝶翼的组织中去;唯有两翼充血,蝴蝶才能振翅飞翔。人为地将茧洞剪大,蝴蝶的翼翅就没有了充血的机会,爬出来的蝴蝶便永远与飞翔绝缘了。

成长的过程恰似蝴蝶破茧的过程,在痛苦的挣扎中,意志得到磨炼,力量得到加强,心智得到提高,生命在痛苦中得到升华。当你从痛苦中走出来时,就会发现,你已经拥有了飞翔的力量。如果没有挫折,也许就会像那些受到"帮助"的蝴蝶一样,萎缩了双翼,平庸一生。

人生活在这个世界上,总会遇到这样或那样的烦心事,这些事也总是在不断地折磨着人的心,使人不得安稳。但是,你要知道,正是这些磨难才

使我们的生命变得更为坚强，也正是在与这些困境不断抗争的过程中，我们才体会到了生命的厚度，才使生命更显丰富和精彩。所以，从一定意义上说，我们还要感谢生命中的这些不幸与磨难。也正是它们，才使我们的生命变得更为坚强、更为有意义。

我们可以试想，在人生的岔道口，你若选择了一条平坦的大道，你可能会过一种舒适而享乐的生活，这样便会使你失去一个历练自己的机会；而若你选择了一条坎坷的小路，你的青春也许会充满痛苦，但人生的真谛也许就会从此被你打开。

心灵悄悄话
XIN LING QIAO QIAO HUA >>>

如果把人生比做一本存折的话，那么，每一次曲折都是一笔收入，经历过坎坷的人生才是充实的。曲折带给我们的，不只是在遇见问题的时候学会千方百计地将困难解决，更让我们在此过程中不断地积累知识和见识，这是在任何书本或者任何老师那里都学不到的东西，是人生最宝贵的财富。

感谢指出你错误的人

当他人指出我们的不足时，以博大的胸怀诚恳地接纳并表示感谢，往往能得到别人的尊重和理解，并赢得人们的信任，使人们乐意和你交往。

有个年轻人在一座寺院里修行，他非常虔诚，天天都在禅房里认真思索、打坐念经。

一天，年轻人突然感觉脑袋昏昏沉沉的，于是他决定到外面去散步、透透气。不经意间，他走到寺院后面的一个莲花池旁边，池子里的莲花正值盛开之际，异常美丽。

年轻人心里顿时冒出一个想法："如果我摘一朵这么漂亮的莲花，放在身边，闻着莲花的芬芳，精神肯定会好很多！"

于是，他弯下腰去摘了一朵。正当他要离开之际，忽然一个低沉的声音响起："你竟敢偷摘寺院的莲花！"

年轻人吓了一跳，连忙回头去看，只见寺院的方丈朝他走了过来。方丈边走边说："亏你还是个修行人，竟敢偷摘寺院的莲花，你可知错？"

年轻人顿时感到深深的惭愧，急忙对着方丈施礼："大师，我知道错了，以后一定痛改前非，绝不会再起贪念，拿任何不属于自己的东西。"

正当年轻人惭愧忏悔之际，有一个人突然跑到莲花池旁边，高兴地说："这莲花开得多好啊！要是采下来拿到山下去卖钱，就能把昨天赌输的钱赢回来了！"说着，那人就跳进池里，采来采去，不一会儿就把整池的莲花几乎摘光了。

年轻人满心期待着方丈去制止并且惩罚那个摘莲花的人，但等了半天，方丈竟然一句制止的话都没说。

于是，年轻人很不服气地问道："大师，我刚才只不过摘了一朵莲花，您

就把我严厉地斥责了一顿，可是那个人采走了那么多的莲花，您怎么一句话也不说呢？"

方丈笑着说："你本是修行之人，就像一匹纯白的布，只要有一点污点就能看到，所以我才提醒你，去除污浊，回复纯净。可刚才那个人本来就是一个恶棍，就像一块抹布，有多少污点都看不出来，即使我费尽唇舌也帮不了他，只好任他去承受恶业，因此才保持沉默。所以，你不应该抱怨，有人愿意纠正你身上的缺点，这表明你这块布还很洁白，值得清洗，这是值得庆幸的事啊！"

批评你的人才是你生命中的贵人，只因他能指引你的人生方向。批评你是因为你还有可批评的地方，说明你还有成长的空间。如果你已经到了"朽木不可雕"的地步，根本没有进步的可能，那别人又何必多费唇舌、浪费口水批评你呢？由此可见，在人生道路上，对我们提出批评的人才是最爱我们的人。

其实，能让我记住的，往往是那些真正批评过我们的人。因为他们才是真心实意地对我们好，真心想帮助我们进步的人。所以，我们应该感谢那些批评我们的人，他让我们学会了不断修正自己，不断完善和充实自己。他"无情"的批评指明了我们前进的方向，从而使我们成长得更快。

林嵩现在也算是一个成功的人，但是当年的他却并不是一个出类拔萃的人，甚至可以用"糟糕"二字来形容。高一的一次期中考试，林嵩考了全班倒数第一，英语更是惨不忍睹。那节英语课，老师在班里念分数，念到林嵩的名字时，他提高了声音，更夸张地笑道："我教了这么多年英语，还没见过这样的低分——19分！这是正常人能考出来的分数吗？都不知道平常是怎么学的。"

老师的批评引得全班同学大笑了起来，大家都向林嵩投去了讽刺的目光。那时，林嵩已经18岁，他第一次感受到了被羞辱的滋味，那感觉像利剑刺痛了他的心。不过，林嵩还是控制住了情绪，他只是微微一笑。结果，同学们也就不再注意他了。

晚上回到家里，林嵩流下了眼泪，并且一夜没有睡着。拂晓时分，林嵩

对自己说："我一定要考个重点大学给你们看看！"从那以后,他开始发了疯似的学习。

虽然,同学依旧看不起自己,老师常常批评自己,但是,林嵩始终没有忘记自己的目标。

终于经过一番拼搏,他的成绩慢慢赶了上来。经过三年的刻苦努力,高考录取结果揭晓,他竟然考上了一所省重点大学,而他的英语成绩是全班第一!

当林嵩走出大学校门后,一个人来到了沿海的一个城市。又经过几年,他创立了一家房地产公司。后来有一次,一个朋友问他："你还恨当年批评过你的老师吗?"

林嵩摆了摆手,说："当然不恨了。其实,很长时间以来,他的批评都是我前进的动力。还有那个微笑,它让我第一次懂得什么叫作控制情绪!"

常言道："揭人不揭短,打人不打脸。"人要面子,树要皮,人们对于伤面子的事情向来都是深恶痛绝的。在生活中,大多数人都比较反感别人对自己的批评,因为很多人觉得被人批评是一件很丢面子的事情。但是,从林嵩的成长经历中我们可以看出,在人生的道路上,有人给予我们批评并不是什么坏事儿。批评通常会成为我们前进的动力,让我们努力向前。

心灵悄悄话
XIN LING QIAO QIAO HUA >>>

有一句话说得好："批评你的人是你今天的敌人,明天的朋友;吹捧你的人是你今天的朋友,明天的敌人。"因此,不要拒绝和抱怨别人的批评,相反,我们还应该对那些给予我们批评的人表示由衷的感谢!

抱怨别人之前，先从自己找原因

遇到麻烦的时候，试试从自己身上找一下原因。也许很多事情看起来就没有那么不如人意了。

齐雯最不愿意碰到的事情就是一大早起来就下雨，每当这个时候，她就会抱怨一整天，不管什么事情，她都能找到冷嘲热讽的借口。在公交车上，如果有人拿着一把湿雨伞站在她旁边，她就会对那个人不停地送出白眼珠，嘴里还骂骂咧咧的，如果到公司时间比上班的时间要早，她也会不满意，她会怪司机把车开得太快了，以至于她早到公司了。总之，她是一个对生活不停抱怨的女人，身边的同事都不想和她有来往，当然，这也成了齐雯抱怨的事情之一。

每天在自己耳边抱怨的声音太多了，有别人的，也有自己的。似乎世界真的是那么一团糟，然而，询问一下那些不抱怨、踏实生活的人，他会告诉你生活是多么多姿多彩。我们在抱怨别人的时候何不先想想自己，为什么总是那么喜欢对身边的人产生不满的情绪，发出抱怨的声音呢？

我们埋怨的无非是身边的人不知道为自己的利益做出让步。遇到和自己利益有关的事情，我们都千方百计想占尽好处，而那些和我们分享好处，甚至只是在旁边构成威胁的元素都成了让我们碍眼的障碍物。偶尔对生活抱怨一下是不影响我们工作和生活的，因为适当的抱怨确实可以为人舒缓压力。在这样无关痛痒的抱怨之后，人们可以继续认真积极地做自己的事情。但是，如果一个人长期处于这种状态，那么，他的生活就真的是没有什么乐趣可言了。

　　江源是一个业务员,但是令他苦恼的是,他的业绩在公司是最低的,每个月拿到的单子也是最少的,甚至工资有时候拿的没有别人的一半多,所以江源每天就像一个怨妇一样不停地说公司的坏话、客户的坏话,埋怨不休。

　　有一次,当江源又开始抱怨的时候,公司一个跑了很长时间业务、有着丰富工作经验的老员工走到江源旁边,他说:"小伙子,你每天叽叽咕咕的说些什么呀?我看你整天都对这个不满意、那个不满意的!"江源把自己的烦恼一说,接着又开始了长篇的抱怨之词,那位经验丰富的老业务员居然没有打断江源的抱怨,直到江源自己意识到有点过火才住了口。接着老业务员说:"你明天早点来公司吧,不要跑业务,就和我待一天,完了之后你就知道为什么你的业绩老是提不上去了!"江源半信半疑地点点头。

　　第二天,一向踩点上班的江源起了个大早,快到公司的时候一看时间,居然早到了四十多分钟。江源想,这下子糟了,都不知道公司有没有开门呢,但是等他到公司一看,所有的同事都到了,自己赫然是最后一个。原来这帮人天天都这么玩命,江源有点惊呆了。这时候老业务员笑着走过来说:"公司就你一个人是天天按时上下班的,他们都来得早,走得晚。好了,跟我出去吧!"

　　江源傻愣愣地跟在他后面,直到这一天江源才明白自己和他们的差距为什么这么大:遇到客户拒绝的时候江源的做法是不管了,骂骂咧咧地找一个舒服的地方待着,而别人的做法却是一而再地客气拜访,第一个客户拒绝了,就去找第二个、第三个,没有人会因为被拒绝而像自己一样抱怨不休的。每天下班的时候,江源一到下班的时间,马上就消失得无影无踪了,而这时候,大街上还存在着大量跑客户的同事。

　　遇到麻烦想抱怨的时候,我们试着这样问自己:"为什么我要抱怨?我凭什么抱怨?为什么只有我不满意,而别人却满意呢?"

　　事实上,在一个不好的环境中,有的人一直在喋喋不休地埋怨,而有的人却能淡然处之,原因就在于这个他自认为值得抱怨的问题并没有到那种让人不能忍受的状态;而那些我们不喜欢的人也是有自己的爱人的,由此可见,他并不是自己想象中的那么不招人喜爱,或许是自己的偏见,又或许

问题根本就出在自己身上。

所以，当我们遭遇令我们不痛快的事情的时候，先不要急着抱怨生活，从自己身上好好地寻找原因，将问题解决的办法是对症下药，只有准确地找到原因，才能让人生更完善、更圆满。

心灵悄悄话
XIN LING QIAO QIAO HUA >>>

抱怨对解决事情而言没有任何实质性的帮助，成天抱怨不但使自己觉得厌烦，更是白白地浪费了自己的时间和精力，我们不能因为迟到了，就抱怨公交车开得太慢，或者电梯突然坏了。一个成功的人是永远不会为自己的错误找借口的。停止抱怨，从自己身上找出原因，然后取得事业的成功。

感父母之恩，不和父母针锋相对

亲情是世界上最灿烂的阳光。可是很多时候我们却忽视了。只因为他们的爱太过平凡。可他们所给予的爱却比一切来得更长久，来得更贴心。这一生，父母是我们最应该感谢的人。

晚饭后，刚上五年级的小芳大声嚷道："妈妈，问您一个问题，您的心愿是什么？"

母亲忙着似乎永远也忙不完的家务回头先是一愣，接着不耐烦地回答："心愿很多，跟你说没用。"

小芳执拗地要求："您就说说看，这对我很重要。"

母亲看到小芳坚持的样子，就回答说："好吧，就说给你听听。我的心愿是希望你努力学习、听话，不让大人操心，将来考上名牌大学，然后找到一份好的工作。"

"哎，妈妈，您不要总是说对我的期望，说说您自己的心愿吧？"小芳打断母亲的回答。

母亲沉浸在对美好未来的种种设想之中："我嘛，希望身体健康，青春长驻；工作顺心，事业有成；家庭和睦，美满幸福……"

"妈妈，您说的这些又大又空，说点实际的吧，比如您想要……"小芳再次打断母亲的回答。

母亲好像猛然发现了什么似的，有些恼火地打断小芳的话："我就知道你跟我玩心眼儿，一定是老师留了关于心愿的作文题目，你写不出来就想到我这里挖材料对不对？实话告诉你吧，我的心愿多着呢！我想要别墅。我想要小轿车，我想要高档时装。看，我的手袋坏了，还想要一只真皮手袋。你看这些实际不实际？这些你都能满足我吗？跟你说顶什么用？好

了，心愿说完了，你去写作业吧。"

小芳伤心地回到了自己的房间，母亲觉得还意犹未尽，又站起身推开小芳的房门。小芳正在写作业，串串泪珠滚落，不停地用手背擦着。母亲的火又上来了，声音比刚才还要高出几个分贝，吼道："你还觉得挺委屈是不是？你想偷懒是不是？你故意气我是不是？"

"妈妈，我不是……"小芳很想解释。但妈妈已经怒火攻心。大声道："还敢顶嘴！告诉你，9点钟之前写不完这篇作文有你好瞧的！"

第二天晚上吃完饭，小芳照例进屋写作业，母亲照例重复着每日必做的家务。突然妈妈发现茶几上多出了一束鲜花，鲜花旁放了一个包装袋，包装袋上放了一张小纸条，纸条上面工整地写着：

妈妈：

今天是母亲节，祝您节日快乐。我用平时攒的零花钱和这两年的压岁钱给您买了一只真皮手袋。让您高兴，这是我最大的心愿。

想给您一份惊喜昨天却不小心惹您生气了。

母亲的手颤抖了，迟迟才推开小芳的房门。抱着正做作业的女儿泪流满面……

有时候，我们都会用自己的思维去猜度别人的想法，于是就会不可避免地产生误会。小芳的母亲对小芳的误解和批评的确对小芳的心灵造成了伤害，但那都是因为望女成凤的爱让她失去了理智。面对母亲的不理解，小芳没有去抱怨，没有去跟母亲大声争论，而是选择了宽容，用实际行动证明了自己对母亲的爱，最终也获得了母亲的理解。

生命是一条绵延不断的长河，母亲给了我们生命，这是人世间莫大的功德，母爱更是世间最伟大的爱。

她从小生活在单亲家庭，5岁时父母离异，她跟着母亲过。

母亲视她为生命，中学的时候，她离家住校，每天都要给她打几个电话。

"下雨了，带把伞。"下雨的时候。

"天冷了，加件衣服。"天气突变的时候。

"多吃点饭，别光想减肥。"快要吃饭的时候。

"早点睡，不要熬夜。"很晚了还在看书的时候。

她不胜其烦，每一次接电话，都会嚷嚷："妈，我又不是3岁的孩子，我懂得自己照顾自己。"

忽然有一天，母亲的电话没有准时打来，她的心慌了，打家里电话，无人接听，她手足无措。后来，阿姨打电话来告诉她，母亲病了，在医院。

母亲患的是绝症，最终离开了她。

有一天下雨时，忘带雨伞的她走在雨中，当冰凉的雨打在她脸上的时候，她一下子想起了母亲，她的眼泪流了下来。那一刻她终于明白，世上最爱她的人已经去了，然而在母亲活着的时候，她不曾珍惜。

父母总是把他们的爱化在琐碎的唠叨里，他们的爱最是平凡，我们也最容易忽视，就像文中的女孩一样，一直不曾珍惜母亲的爱，直到失去了才后悔莫及。现实生活中，我们很多人都是如此，总是信心满满地以为真情会像太阳一样，即便今天也落了，明天还会升起，却不知道，有的人、有的事，瞬间就是永远，只是一个回头就会与我们失之交臂。

世间万物，皆有因果。任何生灵之间仿佛都有着早已注定了的缘分，何时相遇，何时离别，何时重逢，冥冥之中早有安排，我们无法左右。当缘分来临的时候，我们要感谢上天的赐予，我们也要学会珍惜，因为如同阳光一般平凡而宝贵的情感，一旦失去，就再也不会回来了。

心灵悄悄话
XIN LING QIAO QIAO HUA >>>

在生活中，我们不仅应该发自内心地孝敬父母、尊敬师长，而且对于那些曾经帮助过自己的人，也应该发自内心地感激。感恩是每个人都应该有的基本道德准则，是做人最起码的修养，不会感恩或者不愿意感恩的人，是不懂得感情可贵的，这样的人走到哪里都不会受到欢迎。

第三篇 >>>

宽厚待人，赢得人脉

待人宽厚是中华民族的传统美德，应该从小继承发扬。待人宽厚要诚恳、友善，在小事上不计较，能谅解别人，不要得理不饶人。懂得待人宽厚，与人为善，有利于个人身心健康，也使人之间的关系更加和谐、融洽。

大地之德，深厚宽广，容受万物，并促进万物和谐地生长。宽容别人，其实就是宽容我们自己。多一点对别人的宽容，其实，我们生命中就多了一点空间。宽厚待人，容纳非议，乃事业成功、家庭幸福美满之道。

为人处世以容人为上策

古人曾说："得饶人处且饶人。"在生活中，如果我们一旦有争强好胜、锱铢必较的心理，就可能给自己招来不必要的烦恼、嫉妒甚至是仇恨。

可见，包容是做人、处世的大智慧，也是和谐人际关系的一种润滑剂。尤其是在双方产生针锋相对的矛盾时，如果以硬碰硬，无论胜负都会有所损失，倘若能够互相包容，就不仅会避免损伤，还能够将问题处理得很好。

清康熙年间，内阁大学士张英（张廷玉的父亲）收到一封家书。

信上说他们家正打算修围墙，本来根据地契，墙可以一直修到邻居叶秀才家的墙根下，但是叶秀才不让，并且还到官府里把张家给告了。家人非常生气，就给张英写了这封信，让他处理这件事。

家人很快就收到了回信，但上面只有一首诗：

> 千里捎书只为墙，
> 让他三尺又何妨？
> 万里长城今犹在，
> 不见当年秦始皇。

张英的家人接到信后，明白了他的意思，马上就把墙拆了，并且后退三尺才重建。叶秀才一看张家如此大度，也把自己家的墙拆了，后移了三尺。由于两家都退让了三尺，因此留出了一条长百余米，宽六尺的巷子，后被当地人赞誉为"六尺巷"。

本来根据地契约定，张家根本没有错，而张英又贵为大学士，并且父子

二人同在朝中任要职，只要知会当地官府一声，叶秀才家肯定会妥协，而张家的权利和尊严也会得到保障，但是他没有这样做，而是选择了包容，宁愿自己吃亏，让了叶秀才三尺；而叶秀才则觉得张英"宰相肚里能撑船"，不与自己计较，而自己本就理亏，感动之余也让了三尺，两家的关系也因此由剑拔弩张转为互相敬重，和睦相处。

在此我们可以想象一下，假如张英当时给当地官府打个招呼，以他的权势，叶秀才肯定会被法办。不过，虽然他有理，但是当地百姓依然会认为他仗势欺人、以大压小。好在张英是一个宽宏大量的人，他主动使用了"包容"这一润滑剂，不仅解决了问题，还赢得了他人的敬重，并因一件小事而青史流芳，真可谓一举多得。

在生活和工作中，我们每个人都难免会遇到不如意的事情。如果因为一点小事情就闷闷不乐，甚至大动肝火，这不仅会影响自己、影响他人，可能还会招致更多的麻烦。所以，当我们在遇到不如意的事情时，一定要学会去适当地包容，不要与他人产生摩擦，而要以一种平和的态度来面对。

人生在世，本就是苦多于乐，如果再过多地与人计较，甚至与自己计较，总在为得失算计，那就失去了生活的乐趣。生活过得不快乐，还有什么意义呢？所以要转变态度，去包容他人。

有一位高僧特别喜欢兰花，在平日修行讲佛之余总会花费很多的心力侍弄兰花。有一次他要出远门云游，临行前交代弟子要好好照顾他的兰花。但是有一天一个弟子在浇花时，不小心摔倒了，把花架撞倒了，所有的兰花盆都摔碎了，兰花也散落了一地，无法收拾。弟子们全都慌了，只好等着师父回来责罚。但是出乎意料的是，当师父回来之后，却没有责怪他们，而是召集齐了众弟子，跟他们说："我种兰花，一来是想要用它来供奉佛祖，二来是为了美化寺庙的环境，而不是为了生气而种的！"

"不是为了生气而种的！"得道高僧修养自然是高，兰花本为他所好，也花费了很多时间来培养。一般人如果遇到这种情况肯定会很生气，很有可能会重重责罚把兰花弄坏的人，但是高僧没有。因为他明白自己种花的目的虽然没有达到，但是也不能为此而生气，况且弟子也是无心之过，所以就

很容易地宽容了徒弟。

为人处世，如果以严厉的态度、倨傲的性格对待别人，就会招致别人的怨恨，引来不满。如此，于人于己都不利，何必呢？正所谓：利人就是利己，亏人就是亏己，容人就是容己，害人就是害己。所以说：君子以容人为上策。

心灵悄悄话
XIN LING QIAO QIAO HUA >>>

宽容是一种修养、一种德行。如果我们能以宽容之心待人，宽容的品德能够赢得更多真心的朋友。一个苛刻、斤斤计较的人，人们只会敬而远之。

留有余地是一种理智的人生策略

我国古代有个叫李密庵的学者,写过一首《半半歌》,诗云:

> 饮酒半酣正好,花开半时偏妍,
> 半帆张扇免翻颠,马放半鞭稳便。
> 半少却饶滋味,半多反厌纠缠。
> 百年苦乐半相掺,会占便宜只半。

用现代的话来说,就是凡事要留有余地,不要不给自己和别人退路。

常留余地二三分,体现了人生的一种智慧。

凡事留有余地,则自由度就增加。进也可,退也可,亲也可,疏也可,上也可,下也可,处于一种自由的境地,体现了一种立身处世的艺术。

常留余地二三分,这是因为,世界上的事变幻不定,常常有许多意想不到的不利因素产生作用。

人外有人,天外有天。人不要总是赢人,要留一些给别人赢;不要老想占上风,要给别人一些尊严。这样,自己才能不断进步,人际关系才能更和谐。一句话,为人处世还是谦虚谨慎些好。如果目中无人,骄傲自满,就容易碰壁、栽跟头。

唐朝时有一位德山大师,精研律藏,而且通达诸经,其中尤以讲《金刚般若波罗蜜经》最为得意。因俗姓周,故得了个"周金刚"的美称。

当时,禅宗在南方很盛行,德山大师就大不以为然地说:"出家沙门,千劫学佛的威仪,万劫学佛的细行,都不一定能学成佛道,南方这些禅宗的魔子魔孙,竟敢诳说:'直指人心,见性成佛。'我一定要直捣他们的巢窟,灭掉

这些孽种，来报答佛恩。"

于是德山大师挑着自己所写的《青龙疏钞》，浩浩荡荡地出了四川，走向湖南的澧阳。

一日途中，突然觉得饥肠辘辘，看到前面有一家茶店，店里有位老婆婆正在卖烧饼，德山大师就到店里想买个饼充饥。老婆婆见德山大师挑着那一大担东西，便好奇地问道：

"这么大的担子，里面装的是什么东西？"

"是《青龙疏钞》。"

"《青龙疏钞》是什么？"

"是我为《金刚般若波罗蜜经》作的批注。"德山大师对于自己的著作，表现出很得意的神情。

"这么说，大师对于《金刚般若波罗蜜经》很有研究？"

"可以这么说！"

"那我有一个问题想请教您，您若能答得出来，我就供养您点心；若答不出来，对不起，请您赶快离开此地。"

德山大师心想："讲解《金刚般若波罗蜜经》是我最擅长的，任你一位老太婆，怎么可能轻易就难倒我！"随即毫不在意地说："有什么问题，你尽管提出来好了！"

老婆婆奉上了饼，说道："在《金刚般若波罗蜜经》中说：'过去心不可得，现在心不可得，未来心不可得。'不知大师您是要点哪一个心？"

德山大师经老婆婆这一问，呆立半晌，竟然答不出一句话来。他心中又惭愧又懊恼，只好挑起那一大担的《青龙疏钞》，怅然离去。

德山大师受到这次教训后，再也不敢轻视禅门中修行之人，后来来到龙潭，至诚参谒龙潭祖师，从此勇猛精进，最后大彻大悟。

世事无常，万事多留些余地，多些宽容，这是一条重要的做人准则。在你留有余地的同时，别人也会因此而受益匪浅。

待人对己都要留有余地。好朋友不要如影随形，如胶似漆，不妨保持一点距离，是冤家也不要把人说得全无是处，对崇拜的人不要说得完美无缺，对有错误的人不要以为一无是处，不要把自己看得像朵花，看别人都是

豆腐渣，不要以为自己的判断绝对正确，宜常留一点余地。

一幅画上必须留有空白，有了空白才虚实相间，错落有致；有余地才更加符合实际，才更加充满希望。

心灵悄悄话
XIN LING QIAO QIAO HUA >>>

留有余地不是一种立身处世的圆滑，不是有力不肯使，也不是逢人只说三分话，而是对世界、对自己抱一种知己知彼的理性态度，是对世界的复杂性和自身能力的有限性所采取的一种理智的人生策略。

律己宜严，待人宜宽

宽容，是胸襟博大者为人处世的一种人生态度。总是对别人吹毛求疵的人，一定不是个受欢迎的人。

能容天下者，方能为天下人所容。据此看来，你若要彩虹，你就得宽容雨点，若是在雨点滴到身上的那一刻便勃然大怒，又怎么能在彩虹出现的刹那拥有一种怡然自得的心情来观赏美丽的风景呢？

森林中有一条河流，河水湍急，不停地打着旋涡，奔向远方。河上有一座独木桥，窄得每次只能容一人通过。

某日，东山上的羊想到西山上去采草莓，而西山的羊想到东山上去采橡果，结果两只羊同时上了桥，到了桥中心，彼此碰到了，谁也走不过去。

东山的羊见僵持的时间已很长了，而西山的羊照样没有退让的意思，便冷冷地说道："喂，你长眼了没有，没见我要去西山吗？"

"我看是你自己没长眼吧，要不，怎么会挡我的道？"西山的羊反唇相讥。

于是，两只互不相让的羊开始了一场决斗。

"咔"——这是两只羊的犄角相碰撞的声音。

"扑通"——这是两只羊失足，同时落入河水中的声音。

森林里安静下来，两只羊跌入河心淹死了，尸体很快就被河水冲走了。

故事中的悲剧本来是可以避免的，只要有一只羊后退到桥头，等另一只过后再上桥，两只羊便都会平安无事。可悲的是，山羊们都固执地认为狭路相逢勇者胜，不肯宽容和忍让，最终都葬身河底。

"宽以待人"既是一种待人接物的态度，也是一种高尚的道德品质，它

能够化解人和人之间的许多矛盾,增强人和人之间的友好情感。同时,一个人如果能够养成"宽以待人"的优良品德,就一定可以在同他人的相处中,严格要求自己,经常自我反省,提高自己的境界,做一个高尚的人,以得到他人的尊敬。

自省就可以少犯错误,使自己的道德品质日臻完善,使自己做人做事更加机智圆熟,使自己能正确认识自身的不足,并能客观、公正地评价自己。

我国古代思想家孔子的弟子曾子提出著名的"吾日三省吾身"的自省修养方法。另外一位大思想家孟子则提出"自反""反求诸己",即经常反省自己的言行。《易传》把这称为"修省"的方法,以后的思想家进一步发展了这一思想,并提出"责己"的学说,相当于现在我们所说的"自我批评"。可见,我们要想成为一个有道德、有修养的人,就需要经常反省自己的思想和行为。

苏联文学家高尔基认为:"自我批评是最严格的批评,而且也是最有益的。"所以,我们应善于辨察自我意识和言行中的善恶是非,善于自我批评,及时改正自己的过错,更要敢于公开承认自己的错误,勇于揭露自己的不足。就像闻一多先生所说的那样:"我们倒不怕承认自身的'弱点',愈知道自身弱在哪里,愈好在各人自己的岗位上来尽力加强它。"

"我的确时时解剖别人,然而更多的是更无情面地解剖我自己。"鲁迅先生的这句话,人们最熟悉不过了。它体现的是一种宽阔的胸怀,一种高尚的修养境界。

遗憾的是在生活中,很多人在遭遇损失或是遇到不顺心的事情时,从来不反省自己,从来不想问题的根源就在自己身上,总是喜欢责怪他人,当然,这样的人是不会获得好的人缘的,更不会受到别人的尊重。

有一个商场营业员,遇到一个中年女子来退一件衣服,那件衣服明显被洗过,按规定已不能退货。中年女子却粗声粗气地说:"我回家试穿了一下,发现不合身,你再给我换一件!"营业员耐心解释,地却大吵大嚷,并且满口污言秽语,说什么"我来了你就得给我换,光卖不换算个什么玩意!"营业员虽然占理,但为了使争吵就此而止,便温和地对她说:"这件衣服已经

穿过一段时间了，又没有质量问题，按规定是不能退的。可是你执意要退，那就干脆卖给我好了。"就在她掏钱的时候，那个粗暴的女顾客脸红了，她终于停止了争吵，悄然离去。显然，营业员的宽容与自责起了良好作用。因为它反衬出对方的无理和低劣，从而从容地制止了事态的扩大。

事实上，自省的过程就是一个自我检讨、自我反思、自我监督、自我提高的过程。通过这个过程认识自己，打扫洗涤自己大脑中的"污垢"和"灰尘"。只有学会自省，才能静下心来客观公正地评价自己，从而清楚地认识到自己的缺点与不足，认识到自己的愚昧与无知，从而得到人们更崇高的尊重。

心灵悄悄话
XIN LING QIAO QIAO HUA >>>

世上只要有人的地方就有纷争，尤其是有"我"有"你"再加个"他"，你、我、他之间的纷争就更多了。所以，若能秉持"你好他好我不好，你大他大我最小，你乐他乐我来苦，你有他有我没有"这四句偈语中所包含的精神，人与人必能和谐相处。

指责只会招来对方更多的不满

人往往有这样一个特点,无论他多么不对,他都宁愿自责而不希望别人去指责他。绝大多数人都是如此。在你想要指责别人的时候,首先你得记住,指责就像放出的信鸽一样,它总要飞回来的。指责不仅会使你得罪对方,而且对方也必然会在一定的时候指责你。

动物王国的某公司里,狮子经理上任的第一天,便把前任经理的秘书斑马小姐叫到办公室,说:"你本身就够胖的,还成天穿着花条纹衣服,一点气质都没有,这样下去有损我们公司的形象。如果你还想当办公室秘书,就得换身衣服来上班。"

"可是,我……"斑马小姐刚开口解释,狮子经理便恼怒地一挥手,斑马小姐只好含泪离开了办公室。

狮子又叫来业务员黄鼠狼,并对它说:"你是业务骨干,为了体面地面对客户,从今天起,你不准放臭屁。"

"可是,我……"黄鼠狼刚要解释,狮子经理不耐烦地一挥手,黄鼠狼只好委屈地离开了办公室。

狮子又叫来会计野猪,嫌它獠牙太长。

第二天,狮子刚走进公司大门,发现公司里冷冷清清,原来公司的员工集体辞职不干了。

狮子经理的无端指责,不但没有获得它所想象的效果,反而因树敌太多,大家都离开了它,使它成了"孤家寡人"。我们要记住狮子的教训,无论是在学校里还是在工作中,都不要轻易地指责他人。俗话说:"多个朋友多条道,多个敌人多堵墙。"

学会接纳他人，容忍他人的缺点，是人生的一门重要课程，它有助于提高你的人格魅力。因此，树敌不如交友，批评不如赞扬，只要你不到处树敌，他人就乐于与你交往。因此总是迁怒，是不负责任者的行为。

不迁怒出自孔子对其弟子颜回的评价。有一次，哀公问："弟子孰为好学？"子对曰："有颜回者好学，不迁怒，不贰过。不短命死矣，今也则亡，未闻有好学者也。"值得我们注意的是，孔子说颜回好学，并没有说他学习的成果，而是"不迁怒，不贰过"，既不迁怒别人，也不两次犯同样的错误，在我们看来原本是品德上的问题，孔子把它归为好学的标准。其实，在古代，德育也是人们需要学习的主要内容。不迁怒，这也是今天我们每个人都应好好学习的品质，它是一个人成熟与否的标志之一，是成大事者获得人心必备的修养，是家庭幸福、朋友合欢的必要条件。

"人有悲欢离合，月有阴晴圆缺，此事古难全。"生活中总免不了磕磕绊绊，不顺心的时候，很多人就会不自觉地迁怒于他人，自己受气或不如意时拿别人出气。倘若某个同伴有些缺点这时暴露出来，就更可能成被迁怒的对象。你可知道同伴是你朝夕相处、陪你欢乐悲伤的人，你们一路并进、一起承担，甚至利害攸关。你可知道，身为家人、朋友、同事，谁都有责任为对方分忧解难，无怨相伴，但无论自己的境况如何，我们都不应该迁怒于对方。迁怒，是用害别人为自己找出口，是对自身的逃避，是对别人的苛责，是无自制、不成熟的表现；迁怒，是阻碍成长的绊脚石，是冲动魔鬼的助手，却永远不会为你赢得摆脱不顺心的方法。

有这样一则寓言：

一只狐狸在跨越篱笆时，不小心被篱笆上的蔷薇的刺扎伤了，流了许多血。受伤的狐狸见到自己流血了，就非常生气，埋怨蔷薇说：我本是翻篱笆墙，你为何要刺伤我？蔷薇回答道：狐狸！我的本性就带刺，是你自己不小心，才被我刺到的啊！怎么会反过来埋怨我呢？

在现实生活中，有很多类似于狐狸这样的人，遭遇挫折时不反躬自省，反而责怪或迁怒别人，他们抱怨老板太苛刻，抱怨公交车太挤，抱怨菜市场上的秩序太乱；同伴在场时就开始迁怒，他们迁怒于家人，迁怒于同事，迁

怒于朋友，甚至连孩子都成了他们迁怒的对象。

仔细分析一下经常迁怒的人，你会发现他们很少躬身自省，一出现不顺心的事时就想从别人身上找缺点，从而发泄自己的情绪。其实，除了让自己显得更无修养，是无济于事的，倒不如躬身自省，也好"不贰过"。

心灵悄悄话
XIN LING QIAO QIAO HUA >>>

金无足赤，人无完人，你的迁怒，只会给同事留下被否定的阴影。聪明的人，不会拿同伴来发泄自己的情绪，他们会以他人为镜，提醒自己改正缺点。

尊重他人就是理解和包容他人

根据马斯洛的需求层次理论,尊重和自我实现的需要是人最高层次的需要。人们都有一种"身份"意识,希望得到他人的认可和尊重。更何况,照顾他人面子是中国的传统。只有尊重他人,才能赢得他人的尊重,别人才会跟你交朋友、做生意。

小田和小方在同一单位工作,在工作能力上小田比小方稍胜一筹,这让小方生出一些嫉妒。

工作中,小田经常获得奖励,小方最喜欢对他说:"脑袋那么好使,叫咱这样的笨脸蛋往哪儿搁呀?"在背后,小方好像开玩笑似的对其他同事说"小田拍马屁的功夫了不得,弄得领导们服服帖帖……"

在一次讨论方案的会议上,小田刚刚说完自己的设想,请大家发表意见,小方就用不阴不阳的口气说:"你下了这么大的工夫,搞了这么一堆材料,一定很辛苦,我怎么一句也没听懂呢? 是不是我的水平太低,需要小田给我再来一点启蒙教育?"

顿时,小田的脸气红了,说:"有意见可以提,你用这种口气是什么意思?"显然,小方的话太刺激人了。

后来,小田升级的速度比小方快,当上了小方的上司。终于有一天,小田逮住小方的错误,借机将他调到单位下属的一个小厂接受锻炼去了。

小方就是吃了不尊重人的苦头。如果他不改掉这个毛病,恐怕以后还会得罪更多的人,更不用说跟人友好相处、紧密合作了。

美国诗人惠特曼说过:"对人不尊敬,首先就是对自己的不尊敬。"你希望别人怎样对待你,你就应该怎样对待别人。你尊重人家,人家就会尊重

你。不尊重别人就会深深地刺伤别人的自尊心，并且让别人恼羞成怒，这样对自己也没有什么好处。与其如此，为什么不让我们换一种眼光，站在对方的位置上想问题，给别人一点尊重呢？要知道，尊重是人际关系的润滑剂，它将使许多问题变得更加容易解决。

克洛里是纽约泰勒木材公司的推销员。他承认，多年来，他总是尖刻地指责那些大发脾气的木材检验人员的错误，他也赢得了辩论，可这一点好处也没有。因为那些检验人员和"棒球裁判"一样，一旦判决下去，他们绝不肯更改。

克洛里虽然在口舌上获胜，却使公司损失了成千上万的金钱。他决定改掉这种习惯，不再抬杠了。他说：

"有一天早上，我办公室的电话响了。一位愤怒的主顾在电话那头抱怨我们运去的一车木材完全不符合他们的要求。他的公司已经下令停止卸货，请我们立刻把木材运回去。因为在木材卸下25%后，他们的木材检验员报告说，55%的木材不合格。在这种情况下，他们拒绝接受。

"到了工厂，我见购料主任和检验员正闷闷不乐，一副等着抬杠的姿态。

"看了一会儿，我才知道他们的检查太严格了，而且把检验规格也搞错了。那批木材是白松。虽然我知道那位检验员对硬木的知识很丰富，但检验白松却不够格，经验也不够，而白松碰巧是我最在行的。我没有指责他们的检验员，而是继续观看着，慢慢地开始问他某些木料不合格的理由是什么，我一点也没有暗示他检查错了。我强调，我请教他是希望以后送货时，能确实满足他们公司的要求。

"以一种非常友好而合作的语气请教，并且坚持把他们不满意的部分挑出来，使他们感到高兴。最后他们明白，错误在于他们自己没有指明他们所需要的是什么等级的木材。

"结果，在我走之后，他把卸下的木料又重新检验一遍，全部接受了，于是我们收到了一张全额支票。

"就这件事来说，讲究一点技巧，尽量控制自己对别人的指责，尊重别人的意见，就可以使我们的公司减少损失，而我们所获得的则是非金钱所

能衡量的。"

你看，解决问题的办法就是这么简单，只要少一点抱怨，多一分尊重，事情就变得简单了。在这里，尊重并不是一种谄媚，而是理解与包容，是一种高明的解决之道，一种自尊自爱的表现。因为只有你尊重别人了，别人才会尊重你，才会觉得你有解决问题的诚意，愿意跟你商谈合作。

面对别人的批评，我们要用诚恳的态度来接受；面对别人的过失，我们不妨多一些理解与宽容；面对别人的疑惑，我们不妨热情地伸出我们的双手。别人就是一面镜子，在尊重他人的言行里，我们可以照出自己的人格，也能照出自己的锦绣前程。

心灵悄悄话
XIN LING QIAO QIAO HUA >>>

尊重他人将使我们变得更加宽容、乐观，与人更好地接触交流、精诚合作。相反，如果你自视甚高，目中无人，不顾及他人面子，总有一天会吃苦头。

不要把别人的冒犯放在心上

与人交往,你的感受如何? 在错综复杂的人际交往中,如果你要认真计较的话,每天你随便都可以找到四五件让人生气的事情,如被人诬陷、被连累、受人冷言讥讽,等等。有人不便及时发作,便暗自把这些事情记在心里,伺机报复。但这种仇恨心理,对对方没有丝毫损害,却会影响自己的情绪,从而自食其果。

不管别人怎样冒犯你,或者你们之间产生什么矛盾,总之"得饶人处且饶人"。

年轻的洛克菲勒空闲的时间很少,所以他总是将一个可以收缩的运动器——就是一种手拉的弹簧,可以闲时挂在墙上用手拉扯的——放在随身的袋子里。有一天,他到自己的一个分行里去,这里的人都不认识他。他说要见经理。

有一个傲慢的职员见了这个衣着随便的年轻人,便回答说:"经理很忙。"洛克菲勒便说,等一等不要紧。当时待客厅里没有别人,他看见墙上有一个适当的钩子,洛克菲勒便把那运动器拿出来,很起劲地拉着。弹簧的声音打搅了那个职员,于是他跳起来,气愤地冲着洛克菲勒大声吼道:"喂,你以为这里是什么地方啊,健身房么? 这里不是健身房。赶快把东西收起来,否则就出去。懂了吗?"

"好,那我就收起来罢。"洛克菲勒和颜悦色地回答着,把他的东西收了起来。

5分钟后,经理来了,很客气地请洛克菲勒进去坐。那个职员马上蔫了,他觉得他在这里的前程肯定是断送了。洛克菲勒临走的时候,还客气地和他点了点头,而他则是一副不知所措的惶恐样子。他觉得洛克菲勒肯

定会惩罚自己，于是便忐忑不安地等待着处罚。但是过了几天，什么也没有发生。又过了一星期，也没有事。过了三个月之后，他忐忑不安的心才慢慢平静下来。

不管洛克菲勒是否把这件事放在心上，至少他的行为说明，他对小职员的冒犯采取了宽容的态度。

生活中，我们不免会遭遇别人的伤害和冒犯，与其"以牙还牙"两败俱伤，倒不如保持宽容和冷静，不要轻易出手反击，这既是对别人的一种容忍，也是对自己的一种尊重。

若要真正获得别人的尊敬与爱护，你要注意自己的表现，切勿盛气凌人，恃宠生娇，做出令人憎恶的事情。其实在这个时候，如果我们用刀剑去攻打冒犯我们的人，远不如用微笑去征服。

卡耐基培训班的一位学员说："我已经结婚18年了，在这段时间里，从我早上起来，到要上班的时候，我很少对太太微笑，或对她说上几句话。我是最闷闷不乐的人。

既然我学习了微笑的用处，我就决定试一个礼拜看看。因此，第二天早上梳头的时候，我就看着镜子对自己说：'威尔森，你今天要把脸上的愁容一扫而空。你要微笑起来，现在就开始微笑。'当我坐下来吃早餐的时候，我以'早安，亲爱的'跟太太打招呼，同时对她微笑。

现在，我要去上班的时候，就会对大楼的电梯管理员微笑着说一声'早安'。我以微笑跟大楼门口的警卫打招呼。我对地铁的出纳小姐微笑，当我跟她换零钱的时候。当我到达公司，我对那些以前从没见过我微笑的人微笑。

我很快就发现，每一个人也对我报以微笑。我以一种愉悦的态度，来对待那些满肚子牢骚的人。我一面听着他们的牢骚，一面微笑着，于是问题就更容易解决了。我发现微笑带给我更多的收入，每天都带来更多的钞票。"

微笑是人的宝贵财富，微笑是自信的标志，也是礼貌的象征。人们往

往依据你的微笑来获取对你的印象,从而决定对你所要办的事的态度。只要人人都献出一份微笑,办事将不再感到为难,人与人之间的沟通将变得十分容易。

现实的工作、生活中,一个人对你满面冰霜、横眉冷对,另一个人对你面带笑容、温暖如春,他们同时向你请教一个工作上的问题,你更欢迎哪一个?显然是后者,你会毫不犹豫地对他知无不言、言无不尽;而对前者,恐怕就恰恰相反了。

难怪学者们强调:"微笑是成功者的先锋。"的确,如果说行动比语言更具有力量,那么微笑就是无声的行动,它所表示的是:"你使我快乐,我很高兴见到你。"笑容是结束说话的最佳"句号",这话真是不假。

有微笑面孔的人,就会有希望。因为一个人的笑容就是他传递好意的信使,他的笑容可以照亮所有看到它的人。没有人喜欢帮助那些整天愁容满面的人,更不会信任他们;很多人在社会上站住脚是从微笑开始的,还有很多人在社会上获得了极好的人缘,也是从微笑开始的。

任何一个人都希望自己能给别人留下好印象,这种好印象可以创造出一种轻松愉快的气氛,可以使彼此结成友善的联系。一个人在社会上就是要靠这种关系才可立足,而微笑正是打开愉快之门的金钥匙。

有人做了一个有趣的实验,以证明微笑的魅力。

他给两个人分别戴上一模一样的面具,上面没有任何表情,然后,他问观众最喜欢哪一个人,答案几乎一样:一个也不喜欢,因为那两个面具都没有表情,他们无从选择。

然后,他要求两个模特儿把面具拿开,现在舞台上有两张不同的脸,他要其中一个人愁眉不展并且一句话也不说,另一个人则面带微笑。

他再问每一位观众:"现在,你们对哪一个人最有兴趣?"答案也是一样的,他们选择了那个面带微笑的人。

如果微笑能够真正地伴随着你生命的整个过程,这会使我们超越很多自身的局限,使我们的生命自始至终生机勃发。

用你的笑脸去欢迎每一个人,那么你会成为最受欢迎的人。

这里有几个方法可供参考：

第一，你要学习与每一个人融洽地相处，表现出你的随和与合作精神。面对别人的时候，不要忘记你的笑容与热忱的招呼，还要多与对方进行眼神接触，在适当的时机赞美一下他们的长处。

第二，假如你不得不对某人的表现予以批评，你的措辞也要十分小心。先把对方的优点说出来，令他对你产生好感后，他才会接受你的建议，还会视你为他的知己良朋。

第三，人人都会遇到情绪低落的时候，你要努力控制自己的脾气，切勿把心中的闷气发泄到别人的身上，这是自找麻烦的愚蠢行为。没有人会愿意跟一个情绪化的人相处，更不会对他期望过高。所以，替自己建立一个随和而善解人意的形象，这是成功的重要因素之一。

心灵悄悄话
XIN LING QIAO QIAO HUA >>>

一个人面带微笑，远比他穿着一套高档、华丽的衣服更吸引人注意，也更容易受人欢迎。因为微笑是一种宽容、一种接纳，它缩短了彼此的距离，使人与人之间心心相通。喜欢微笑着面对他人的人，往往更容易走入对方的天地。

帮助曾经伤害过你的人

用宽广的胸怀去包容曾经伤害过自己的人,能够不计前嫌,给他以帮助与关怀,才是为人之大德。

从前有一个富翁,他有三个儿子,在他年事已高的时候,富翁决定把自己的财产全部留给三个儿子中的一个。可是,到底要把财产留给哪一个儿子呢?

富翁想出了一个办法:他要三个儿子都花一年时间去周游世界,回来之后看谁做了最高尚的事情,谁就是财产的继承者。一年时间很快就过去了,三个儿子陆续回到家中,富翁要三个人都讲一讲自己的经历。

大儿子得意地说:"我在周游世界的时候,遇到了一个陌生人,他十分信任我,把一袋金币交给我保管,可是那个人却意外去世了,我就把那袋金币原封不动地交还给了他的家人。"

二儿子自信地说:"当我旅行到一个贫穷落后的村落时,看到一个可怜的小乞丐不幸掉到湖里了,我立即跳下马,从湖里把他救了起来,并留给他一笔钱。"

三儿子犹豫地说:"我、我没有遇到两个哥哥碰到的那种事,在我旅行的时候遇到了一个人,他很想得到我的钱袋,一路上千方百计地害我,我差点死在他手上。可是有一天我经过悬崖边,看到那个人正在悬崖边的一棵树下睡觉,当时我只要抬一抬脚就可以轻松地把他踢到悬崖下,但我想了想,觉得不能这么做,正打算走,又担心他一翻身掉下悬崖,就叫醒了他,然后继续赶路了。这实在算不了什么有意义的经历。"

富翁听完三个儿子的话,点了点头说道:"诚实、见义勇为是一个人应有的品质,称不上是高尚。有机会报仇却放弃,反而帮助自己的仇人脱离

危险的宽容之心才是最高尚的。我的全部财产都是三儿子的了。"

宽容是一笔巨额的财富，是至善人性达到的一种境界，是人性之花历经沧桑之后依然盛开的那份通透与恬然。

活在仇恨里的人是愚蠢的。你在憎恨别人时，心里总是愤愤不平，希望别人遭到不幸、惩罚，却又往往不能如愿，失望、莫名地烦躁之后，你便失去了往日那轻松的心境和欢快的情绪，从而心理失衡；另一方面，在憎恨别人时，由于疏远别人，只看到别人的短处，在言语上贬低别人，在行动上敌视别人，结果使人际关系越来越僵，以致树敌为仇。

当我们恨我们的仇人时，就等于给了他们制胜的力量。那种力量能够妨碍我们的睡眠、我们的胃口、我们的血压、我们的健康和我们的快乐。要是我们的仇人知道他们如何令我们担心，令我们苦恼，令我们一心报复的话，他们一定会高兴得跳起舞来。我们心中的恨意完全不能伤害到他们，却会使我们的生活变得像地狱一般。就如莎士比亚所说的："不要因为你的敌人而燃起一把怒火，最后烧伤了你自己。"

宽容地帮助曾经伤害过你的人，才不失为人生大智慧，以德化怨，春风化雨，是成熟人性臻至化境的象征，宽容的人生收获的必是满城桃李。

1918年，一位名叫劳伦斯·琼斯的讲师被拖上火刑架。就在这时，一个将要对他行刑的年轻人说话了："烧死他之前，让这个好说话的人说说话。"

站在柴堆上，脖子上套着绳圈，劳伦斯·琼斯为自己的生命和理想发表了一番演说。他1907年毕业于艾奥瓦大学，因心地善良、博学多才及在音乐方面的天赋赢得老师和同学的喜爱。毕业后他谢绝了一家酒店的职位，还谢绝了别人资助他到音乐学院深造的美意。他有更崇高的理想。他读完布克尔·华盛顿的传记时，就决心把自己的一生都奉献给教育事业，教育那些因贫困而无法上学的黑人孩子。他就这样回到了贫瘠的南方——密西西比州杰克镇以南25英里的一个小地方。他把自己的手表当了六毛五分钱，以苍天为教室，以树桩为桌子，开始了他的教学生涯。

劳伦斯·琼斯将自己的经历讲给那些愤怒的纵火者，他说自己所做的

一切就是为了教育没钱上学的男孩和女孩,把他们训练成优秀的农夫、机匠、厨子、家庭主妇。他还说,曾有些白人协助过他,比如说送他土地、木材、猪、牛和钱。

自始至终,他没哀求一声,只是想让别人了解他的想法。那些想烧死他的人也为之动容。有个曾参加南北战争的老兵说:"我相信他所说的话,他提起的一些白人有我认得的,他确实是在做好事,是我们错了,我们应该帮他而不是吊死他。"老兵说完摘下自己的帽子,帽子在大家手中传递,这些曾经想烧死这个教育家的人,捐献出了52块4毛钱,都交给了琼斯。

事后,人们问劳伦斯·琼斯对那些想吊死和烧死他的人是否怨恨。他的回答让我们很敬佩,他说:我太忙了,很多理想等着我去实现,根本没有空余时间怨恨人。他所有的心思,都花在那项超出他能力的伟大事业上了。"我根本没时间跟人吵架,也没有时间后悔。谁也不能强迫我低下到怨恨他的地步。"

永远不要试图报复仇人,否则我们就会让自己受到极大的伤害。我们要学习艾森豪威尔将军,不浪费一分钟时间想那些我们不喜欢的人。

心灵悄悄话
XIN LING QIAO QIAO HUA >>>

《圣经》里有这样一句基督箴言:"爱你们的仇敌,善待敌对自己的人,祝福诅咒你的人,为凌辱你的人祷告。"经常诵读这样的箴言,将使你的内心有着一股君王和将官也无法得到的平静。所以我们不但要不记恨我们的仇敌,相反还要感动我们的仇敌。

得理也要让三分

生活中总有一些人，得理不让人，就算无理也要争三分，总怕自己会吃亏；与之相反，还有一些人，真理在握也会让人三分，显得绰约柔顺，颇有君子风度。

前者，往往是生活中的不安定因素，后者则具有一种天然的向心力；一个活得叽叽喳喳，一个活得自然潇洒。有理、没理、饶人、不饶人，一般都是在是非场上、论辩之中。假如是重大的或重要的是非问题，自然应该不失原则地辩个是非曲直，甚至为追求真理而献身也值得。但日常生活中，也包括工作中，往往会因为一些非原则问题、皮毛问题争得不亦乐乎，谁也不肯甘拜下风，说着论着就较起真儿来，以至于非得决一雌雄才算罢休，结果严重到大打出手，或者闹个不欢而散、鸡飞狗跳的结局而影响了团结，而且越是这样的人越对甘拜下风的人瞧不顺眼。争强好胜者未必掌握真理，而谦下的人，原本就把出人头地看得很淡，更不消说一点小是小非的争论了。越是你有理，越表现得谦下，往往越能显示出一个人的胸襟之坦荡，修养之深厚。

不同的人可能有不同的做法。一般来说，愚昧的人或心胸狭窄的人爱为难别人，他们不愿意帮助人，不为人遮掩难堪，不包容或原谅人。他们甚至会乘人之危，鸡蛋里头挑骨头，抓住把柄不放，且洋洋自得。这种不良行为正是他们愚昧阴暗心理的下意识表露。至于和他们有深仇大恨的人，就更不可能息事宁人了。但是在生活中，你也会经常处在难堪、有错、有求于人的位置上，比如，你不巧弄脏了别人的衣裤，违反了交通规则，为讲义气与别人结了仇，等等。

在这种情况下，你极需要他人的包容。将心比心，同情他人、宽容他人、不为难他人是一种美德。这种美德能够感化人，巩固人们之间的互助

亲善关系，让社会形成一种宽厚地向善风气，小人就可能不会产生，阴暗的东西就会更少一些，自己有了不幸的时候，也更容易得到他人的帮助。况且如果我们在私下能够真诚地指出别人的缺点，也许还能化敌为友。

不要苛求别人的完美，宽容让你自己不断完美起来。在别人的某些缺点比较严重时，我们应该以私下谈心的方式委婉指出，急风暴雨不如和风细雨，当场训斥不如私下平心静气、施以爱心。只有我们拥有了一颗宽容的心，别人才能感受到我们的真诚，在我们指出他们缺点的时候他们才能心悦诚服地接受。

在朋友之间，指出缺点总是要担负伤和气风险的，但作为朋友应该承担这种风险。风险有大有小，关键是用的方法适当与否。从小处说，就是在私底下指出别人的缺点。人总是要讲点面子的，指出缺点更应该顾及对方的面子，说话尽可能婉转一些，尤其不要当众给他人硬"挑刺"。

老刘是一家机关单位的老员工，常常以主人翁的姿态自居，在新来的员工面前有着强烈的优越感，也常常把自己的分内的工作分派给新来的同事。同她在一个办公室新来的小王是一个很听话的女孩，开始的时候为她分担了很多工作，但时间长了便品出了其中的味道，于是，小王只顾埋头做自己的工作了。

小王的能力很强，由于工作很出色，很快就得到了领导的重视，并有要提拔的迹象。但她有一个非常不好的习惯，总是爱在上班的时间吃零食，并且不爱整理办公桌。桌子上常常横七竖八地摆放着一些文件和书籍。

有一次上级领导突击检查，刚好到了她们的办公室，并且对小王办公桌的凌乱表示了不满。本来领导只是批评两句，提醒小王以后要注意而已。可是老刘听了却像得了圣旨一样，逢人便说小王的毛病，甚至在总经理面前也讲小王的毛病。时间长了，自然这些话免不了传到小王的耳朵里。

小王明知道自己有毛病，听到这些话感到很生气，她想："自己是有毛病，老刘也不应该到处讲，如果自己找她理论，自己有很多的理由，可是能说明什么问题呢？自己不应该跟她一样，让她三分又如何。"于是，小王没有理睬她，并且发奋地工作，不断改进自己的毛病，以减少对自己的负面

影响。

时间长了，人们便淡忘了小王往日的小毛病，都为她日渐突出的成绩而瞩目。半年后，很富有戏剧性的是，小王被提拔为老刘的顶头上司。

上面的故事告诉我们，在私下场合指出缺点和错误，也应充分考虑如何让对方愉快接受，最好先聊聊其他事情，以便在沟通感情、融洽气氛的基础上再婉转地指出问题。像故事中的那位老刘公开地到处讲同事的毛病，实在不可取。

指出缺点更多时候是发生在角色地位并不平等的人之间，比如上司对下属，老师对学生。这些情况下可以公开指出缺点吗？当然不应该，照样应该维护下属和学生的面子。当员工违背明确的规章制度时，当然应当众指出其过错，在让他认识到缺点错误的同时，也可对其他人起到警示作用。假若员工在工作上出现小小的失误，而且不是有意的行为，可在私下为其指出来，或以含蓄、暗示的方式使其意识到自己的缺点。这样既能维护他的面子，又能达到帮他改正缺点的目的。

要时常反问自己："处理这件事最合乎人性的方法是什么？"当员工因为某些缺点把事情弄糟了，有的领导者会把犯错误的员工当着其他员工甚至是这个员工的下属的面训斥一通。而人性化的领导者会在私下里跟员工谈心，指出缺点，并且帮助他们找出适当的方法去做好事情，并且会肯定他们已经做得很好的部分，以免让这些员工丧失信心。

所以作为上司，假如说下属真的有比较严重的缺点，一般应私下单独找他谈话，指出来，引导他今后如何正确处理类似的问题及注意事项，避免再犯同样的错误。只有这样，下属有问题才愿找上司反映或沟通谈心。这样一来就会在员工中树立一个良好的形象。

作为老师，对学生的缺点也要有一些"春秋笔法"。

刘老师班上有个女生很优秀，一段时间看到别人比自己成绩好，心里有些不平衡。刘老师通过网上和她聊天，直言不讳。这个女生很感激，情绪理顺了。对其他有缺点的学生，刘老师也尽量采取类似方法。学生们说："刘老师照顾我们的面子，我们也尽力改正。"一位教育专家这样评价刘

老师："刘老师这样做是讲策略,育人工程最艰深,关键要用心!"

有一次,刘老师经过教室,听到一位同学用粗话骂老师,他装作没听见,事后私下把那同学请到办公室,告诉他老师已经听到他说的那句话,但不想当着全班人的面来批评,是为了尊重他。这样他很诚恳地承认了错误并向老师道歉,后来变得很有礼貌了。

试想,如果刘老师当时走进教室狠批他一顿,有可能换来学生第二次更难听的粗话。

因此,面对别人的缺点,私下里指出而不是当面批评或宣扬,不仅会让他感受到你的修养,而且也会让他更加尊重你。

心灵悄悄话
XIN LING QIAO QIAO HUA >>>

至于生活和工作中的小节问题,人非圣贤,孰能无过?应得饶人处且饶人,给别人一片天,也让自己多条路!不难为别人,就是不与自己为难。

放大镜看人优点，缩微镜看人缺点

在现实生活中，不难发现很多人因为一些磕磕碰碰便和他人吵架斗嘴，甚至大打出手。很多人甚至认为，对于别人的冒犯就应该"以牙还牙，以血还血"。他们容不得别人对自己的一丁点侵犯。在与他人交往的过程中，他们把别人身上的缺点无限扩大，动不动就责怪他人。对于别人身上的优点呢，则以"这有什么了不起"为由来对其嗤之以鼻。这种现象其实是非常可悲的。因为当一个人以刻薄小气的胸襟为人处世时，他绝不可能有什么出息。一个用"缩微镜看人优点，放大镜看人缺点"的人，绝对不会获得美好的友谊和得到别人的帮助。

生活中，我们要善于发现别人身上的优点而不是缺点，努力学习别人的优点，这才是正确的行为。也只有以这种"放大镜看人优点，缩微镜看人缺点"的心态，才能有宽广的胸襟，才能赢得别人的敬重和取得成功。

蔡元培先生就是一个有着大胸襟的人。在他担任北京大学校长时，曾有这么两个"另类"的教授。一个是"持复辟论者"和"主张一夫多妻制"的辜鸿铭。

辜鸿铭当时应蔡元培先生之请来讲授英国文学。辜鸿铭的学问十分宽广而庞杂，他上课时，竟带一童仆为之装烟、倒茶，他自己则是"一会儿吸烟，一会儿喝茶"，学生焦急地等着他上课，他也不管，"摆架子，玩臭格"成了当时一些北大学生对辜鸿铭的印象。很快就有人把这事反映到蔡元培那儿。然而蔡元培并不生气。他对前来反映情况的人解释说："辜鸿铭是通晓中西学问和多种外国语言的难得人才，他上课时展现的陋习固然不好，但这并不会给他的教授工作带来实质性的损害，所以他生活中的这些习惯我们应该宽容不较。"经过一段时间后，再也没有人来告状了，因为辜

鸿铭的课堂里挤满了北大的学子。很多学生为他渊博的知识、学贯中西的见解而折服。辜鸿铭讲课从来不拘一格,天马行空的方式更是大受学生欢迎。

另一个人,则是受蔡元培先生的聘请,教《中国古代文学》的刘师培。根据冯友兰、周作人等人回忆,刘师培给学生上课时,"既不带书,也不带卡片,随便谈起来",且他的"字写得实在可怕,几乎像小孩描红相似,而且不讲笔顺","所以简直不成字样",这种情况很快也被一些学生、老师反映到蔡元培那儿。然而蔡元培却微微一笑,说:"刘师培讲课带不带书都一样啊,书都在他脑袋里装着,至于写字不好也没什么大碍啊。"后来学生们发现刘师培讲课是"头头是道,援引资料,都是随口背诵",而且文章没有做不好的。

从蔡元培对辜鸿铭和刘师培两位教授的处理方法,我们可见蔡元培量用人才的胸怀是何等求实、豁达而又准确。他把对师生个性的尊重与宽容发挥到了一种极高明的地步。为了实现改革北大的办学理想,迅速壮大北大实力,他极善于抓住主要矛盾和解决问题的关键,把尊重人才个性选择与用人所长理智地结合起来。他曾精辟地解释道:"对于教员,以学诣为主。在校讲授,以无悖于第一种之主张(循思想自由原则,取兼容并包主义)为界限。其在校外之言动,悉听自由,本校从不过问,亦不能代负责任。夫人才至为难得,若求全责备,则学校殆难成立。"

正是这种博大的胸襟,才使蔡元培能够发现真正的人才,也才使当时的北京大学有了长足的发展。美国著名的人际关系学家卡耐基和许多人都是朋友,其中包括若干被认为是孤僻、不好接近的人。有人很奇怪地问卡耐基:"我真搞不懂,你怎么能忍受那些老怪物呢?他们的生活与我们一点都不一样。"卡耐基回答道:"他们的本性和我们是一样的,只是生活细节上难以一致罢了。但是,我们为什么要戴着放大镜去看这些细枝末节呢?难道一个不喜欢笑的人,他的过错就比一个受人欢迎的夸夸其谈者更大吗?只要他们是好人,我们不必如此苛求小处。"

在现实生活里,我们应该学会以一种大胸襟来对待别人的缺点和过错。学会"容人之长",因为人各有所长,取人之长补己之短,才能相互促

进，学习才能进步；要学会"容人之短"，因为金无足赤，人无完人。人的短处是客观存在的，容不得别人的短处就只会成为"孤家寡人"；要学会"容人之过"，因为"人非圣贤，孰能无过"。历史上凡是有所作为的伟人，都能容人之过。

心灵悄悄话
XIN LING QIAO QIAO HUA >>>

当我们拥有"以放大镜看人优点，以缩微镜看人缺点"的大胸襟时，我们便拥有了众多的朋友，拥有了无尽的帮助，也拥有了通向成功的门票。

对自己的对手"投之以木桃"

《诗经·卫风》中有云:"投我以木桃,报之以琼瑶。"就是说,你对我好,我对你更好。普通的朋友之间尚且如此,倘若胸怀宽广,对自己的对手也能"投以木桃",那你的对手也一定感激涕零,视你为恩人一般。日后定会寻找时机报答你,给予你帮助,让你获得更大的成功。

一位名叫卡尔的卖砖商人,由于同另一位对手的竞争而陷入困境之中。对方在他的经销区域内定期走访建筑师与承包商,告诉他们卡尔的公司不可靠,他的砖块不好,生意也即将面临歇业。卡尔对别人解释说他并不认为对手会严重伤害到他的生意。但是这件麻烦事使他心中生出无名之火,真想"用一块砖来敲碎那人肥胖的脑袋作为发泄"。

"有一个星期天早晨,"卡尔说,"牧师布道时的主题是:要施恩给那些故意为难你的人。我把每一个字都吸收下来。就在上个星期五,我的竞争者使我失去了一份25万块砖的订单。但是,牧师教我们要善待对手,而且他举了很多例子来证明他的理论。当天下午,我在安排下周日程表时,发现住在弗吉尼亚州的一位我的顾客,正因为盖一间办公大楼需要一批砖,而所指定的砖的型号不是我们公司制造供应的,却与我竞争对手出售的产品很类似。同时,我也确定那位满嘴胡言的竞争者完全不知道有做成这笔生意的机会。"

这使卡尔感到为难,是遵从牧师的忠告,告诉给对手这项生意,还是按自己的意思去做,让对方永远也得不到这笔生意呢?

那么到底该怎样做呢?卡尔的内心挣扎了一段时间,牧师的忠告一直在他心中。最后,也许是因为很想证实牧师是错的,他拿起电话拨到竞争对手家里。接电话的人正是那个对手本人,当时他拿着电话,难堪得一句

话也说不出来。卡尔还是礼貌地直接地告诉他有关弗吉尼亚州的那笔生意。结果，那个对手很感激卡尔。

卡尔说："我得到了惊人的结果，他不但停止散布有关我的谎言，而且还把他无法处理的一些生意转给我做。"

没有永久的敌人。对于昔日的对手，打击报复只能为自己埋下更多的祸根，而善待我们的对手，不但能够感化他们，还会为我们自己的事业扫除一定的障碍。

以德报怨，善待对手。英国前首相丘吉尔一生都奉行这句话，在用人方面更是如此。

张伯伦在担任英首相期间，曾再三阻碍丘吉尔进入内阁，他们的政见不合，特别是在对外政策上，张伯伦和丘吉尔存在很大的分歧。后来张伯伦在对政府的信任投票中惨败，社会舆论赞成丘吉尔领导政府。出人意料的是，丘吉尔在组建政府的过程中，坚持让张伯伦担任下院领袖兼枢密院院长。这是因为他认识到保守党在下院占绝大多数席位，张伯伦是他们的领袖，在自己对他进行了多年的批评和严厉的谴责之后，取张伯伦而代之，会令保守党内许多人感到不愉快。为了国家的最高利益，丘吉尔决定留用张伯伦，以赢得这些人的支持。

后来的事实证明，丘吉尔的决策很英明。当张伯伦意识到自己的绥靖政策给国家带来巨大灾难时，他并没有利用自己在保守党的领袖地位来给昔日的对手丘吉尔找麻烦，而是以反法西斯的大局为重，竭尽全力做好自己分内之事，对丘吉尔起到了较好的配合作用。

心灵悄悄话
XIN LING QIAO QIAO HUA >>>

如果你能够以一颗宽容的心来公平对待你的对手，善待你的对手，与对手冰释前嫌，就能赢得对手的尊重和友谊，同时多了一个强有力的靠山。

尊重他人习惯也是一种包容

生活中有各种各样的人,而这些人会有不同的思想性格、兴趣爱好与生活习惯。有的人热情开朗,有的人沉着稳重,有的人性子急躁,有的人心胸狭窄……面对这么多不同性格的人,我们应该怎样使他们乐于按照你的意愿行事呢?要想改变他,首先就要悦纳他!悦纳他人,就要满怀热忱地和他们相处,容忍并且诚心地尊重别人与己不同的性格、兴趣和生活方式,还要主动地了解别人的性格特征,熟悉别人的生活习惯,在这个基础上创造和谐融洽的人际环境。

对别人的生活习惯横加指责的人,就像肩负沉重的包袱,这只能使他变得苍老不堪、步态蹒跚。

曾经有这样一个故事:

老王曾经到乡下的母校去听课。在中午吃饭的时候,他发现其中有一位老教师在喝完稀饭后,伸长了舌头,低下头,捧着碗"滋滋"有声地把碗底的残留稀饭舔得干干净净。如今的生活已经不是饿肚子的时代了,竟然还会有这样的老师。看到他这个样子,大家都禁不住笑了出来。那位老教师听到笑声,现出惊异的目光,且不由得红了脸,极为羞愧地走出了吃饭的地方。一个下午,老王没有看见老教师的身影。

临走的时候,老王终于看到了这位老教师的身影。他连忙走过去对老教师说了一些比较委婉的道歉的话。老教师抬起头说:"这是我保持了几十年的坏习惯了。过去家里穷,吃不饱,经常要求家里的三个孩子这样做,我自己久而久之形成了习惯,到现在还是改不掉,丢脸了。"

听了老教师的话,周围的人深深地为刚才的笑感到惭愧。

面对别人的习惯，如果我们没有真正地领会，只是浅薄地嘲笑，这本身说明我们对生活的理解是多么的浅薄和无知。在我们笑出声的时候，谁又会知道他的这个习惯是多么的令人尊敬呀！

这是发生在美国纽约曼哈顿的真实故事。

一天，一位40多岁的中年女人领着一个小男孩走进美国著名企业"巨象集团"总部大厦楼下的花园，在一张长椅上坐下来。她不停地在跟男孩说着什么，似乎很生气的样子。不远处有一位头发花白的老人正在修剪灌木。

忽然，中年女人从随身提包里拉出一团白花花的卫生纸，一甩手将它抛到老人刚修剪过的灌木上面。老人诧异地转过头朝中年女人看了一眼，中年女人满不在乎地看着他。老人什么话也没有说，走过去拿起那团卫生纸，把它扔进了一旁装垃圾的筐子里。

过了一会儿，中年女人又拉出一团卫生纸扔了过来。老人再次走过去把那团卫生纸拾起来扔到筐子里，然后回到原处继续工作。可是，老人刚拿起剪刀，第三团卫生纸又落在了他眼前的灌木上……就这样，老人一连捡了那中年女人扔过来的六七团纸，但他始终没有因此露出不满和厌烦的神色。

"你看见了吧！"中年女人指了指修剪灌木的老人对男孩大声说道："我希望你明白，你如果现在不好好上学，将来就跟他一样没出息，只能做这些卑微低贱的工作！"

老人听见后放下剪刀走过来，和颜悦色地对中年女人说："夫人，这里是集团的私家花园，按规定只有集团员工才能进来。"

"那当然，我是'巨象集团'所属的一家公司的部门经理，就在这座大厦里工作！"中年女人高傲地说道，同时掏出一张证件朝老人晃了晃。

"我能借你的手机用一下吗？"老人沉默了一会儿说。

中年女人极不情愿地把手机递给老人，同时又不失时机地开导儿子："你看这些穷人，这么大年纪了连手机也买不起。你今后一定要努力啊！"

老人打完电话后把手机还给了妇人。很快一名男子匆匆走过来，恭恭敬敬地站在老人面前。老人对来人说："我现在提议免去这位女士在'巨象

集团'的职务!""是,我立刻按您的指示去办!"那人连声应道。

老人吩咐完后径直朝小男孩走去,他伸手抚摸了一下男孩的头,意味深长地说:"我希望你明白,在这世界上最重要的是要学会尊重每一个人……"说完,老人撇下三人缓缓而去。中年女人被眼前骤然发生的事情惊呆了。她认识那个男子,他是"巨象集团"主管任免各级员工的一个高级职员。"你……你怎么会对这个老园工那么尊敬呢?"她大惑不解地问。

"你说什么?老园工?他是集团总裁詹姆斯先生!"中年女人一下子瘫坐在长椅上。

这个故事进一步说明只有真正学会尊重他人,尊重身边的每一个人,才能得到他人的尊重,最终才不会使自己受到损失。

在很多人的生活中,我们都可以看到蕴涵在这些生活中的个性。当然,有一些不好的生活习惯,我们不会学习和效仿,但是我们没有理由去嘲弄和取笑。在生活中,我们每一个人都会拥有自己的生活习惯和思维方式,当然我们无法保证所有的思维和习惯都是对的,但是我们应该用谅解和尊重去面对别人的生活习惯。

我们应该用广阔的心灵去包容别人的举止,用尊重的心灵去感悟别人的行为,用开阔的胸襟去对待别人的言行。这样在尊重他人的时候,我们也会获得一些生命之中最美好的东西。

心灵悄悄话
XIN LING QIAO QIAO HUA >>>

人都有一定的自尊心,你要想他人尊重你,你就必须先尊重他人。一个不懂得尊重他人的人,是绝不会得到他人的尊重的。在我们的学习生活中,自己待人的态度往往决定了他人对我们的态度,就像一个人站在镜子前,你笑时,镜子里的人也笑;你皱眉,镜子里的人也皱眉;你对着镜子大喊大叫,镜子里的人也会冲着你大喊大叫。

信任朋友

朋友间相处，伤害往往是无心的，帮助却是真心的，不要因朋友偶尔的过失而失去对他的信任。你若能宽容相待，你的朋友必然会以最大的忠诚回报你。

在一个小镇上有一个出名的地痞，整日游手好闲，酗酒闹事，人们见到他唯恐躲避不及。一天，他醉酒后失手打伤了前来上门讨债的债主，被判刑入狱。

入狱后的地痞幡然悔悟，对以往的言行感到十分懊悔。

一次，他成功地协助监狱管理人员制止了犯人的集体越狱出逃，获得减刑的机会。

地痞(原谅这样继续称呼他)从监狱中出来后，回到小镇上重新开始生活。他先是想找个地方打工赚钱，结果全都拒绝用他。食不果腹的地痞又来到亲朋好友家借钱，看到的都是一双双不相信的眼光，他那一点刚充满希望的心，开始滑向失望的边缘。这时，地痞少年时代的朋友听说了，就取出了1000元送给他，地痞接钱时没有显出过分的激动，他平静地看了一眼昔日的朋友后，消失在镇口的小路上。

数年后，地痞从外地归来。他靠1000元起家，苦命拼搏，终于成了一个腰缠万贯的富翁，不仅还清了亲朋好友的旧账，还领回来一个漂亮的妻子。他来到了昔日的朋友家，恭恭敬敬地捧上了2000元，然后，流着泪说道："谢谢你！你是我真正的朋友，是你的信任给了我站起来的勇气。"

信任是最好的支持，它是对人性的肯定，它对人的帮助在于心理上道义的重建，其意义超过了金钱的支援。

包容——得饶人处且饶人

真正的朋友经得起任何狂风暴雨的打击,请不要因为朋友对你的态度一时冷淡或是朋友一时的过错而失去了对朋友的信任。你若能对朋友坦诚相待,你真正的朋友必然会以最大的忠诚回报你。

传说中,有两个朋友在沙漠中旅行,在旅途中他们吵架了,一个还给了另外一个一记耳光。被打的那位觉得受辱,一言不语,在沙子上写下:今天我的好朋友打了我一巴掌。他们继续往前走。直到到了沃野,他们决定停下。被打巴掌的那位差点淹死,幸好被朋友救起来了。被救起后,他拿了一把小剑在石头上刻了:今天我的好朋友救了我一命。

一旁的朋友好奇地问道:为什么我打了你,你要写在沙子上,而救了你却要刻在石头上呢? 另一个笑着回答说:"当被一个朋友伤害时,要写在易忘的地方,风会负责抹去它;相反,如果被帮助,我们要把它刻在心灵的深处,在那里任何风都不能磨灭它。"

或许,朋友对你的伤害是无意间造成的,朋友间有了裂痕就需要用宽容来弥合。信任是伸向失望的一双手,一个小小的动作能改变一个人的一生。不要因偶尔的过错就失去对朋友的信任,容人小过,不念旧恶,说不定这个人会成为你很好的朋友。

古人说:"水至清则无鱼,人至察则无徒。"如果一个人要求与他交往的人都像天使一样纯洁,那他就要与上帝一起生活了。有句话说得好,人无完人,孰能无过? 过而能改,善莫大焉。

西汉宣帝时的丞相叫丙吉,他有一个车夫很好喝酒,醉酒后常有行为不检点的地方。有一次酒后为丙吉驾车,结果呕吐起来,弄脏了车子。丞相的属官为此骂了车夫一顿,并要求丙吉将此人撵走。丙吉说:"何必呢! 他本是一个不错的驭手,现在因为饮酒的过失被撵走了,谁还会再雇用他呢! 那叫他以后怎么办! 就容忍了吧,况且,也不过就是弄脏了我这个当丞相的车垫子罢了。"于是继续让他驾车。

这个车夫的家在边疆地区,经常有关于边疆情况的消息。一次他外出,正巧碰上驿站上来了个从边郡往京城送紧急文件的使者,他就跟随到

皇宫正门负责警卫传达的公车令那里去打听，知道是匈奴侵犯云中郡和代郡等地。他马上赶回相府，将情况报告给丙吉，并建议道："恐怕在匈奴进犯的边境地区，有一些太守和长吏已经老病缠身，难以胜任用兵打仗之事了，丞相是否预先查验一遍，也好临事有个准备。"丙吉听了，觉得车夫的想法很对，到底家在边境的人对这些事就考虑得特别细致，于是就招来属吏有司，让他们立即统计有关人员情况，做到对边境官员有个比较充分的了解。

不久，汉宣帝召见丞相和御史大夫，询问遭匈奴侵犯的边境守将情况，丙吉当下一一对答如流，而御史大夫仓促间哪能回答得出，皇帝见他那副吞吞吐吐的窘态，大为生气，狠狠地加以责备，而对丙吉则大加赞扬，称许他能时时忧虑边境事务，忠于职守。其实，皇帝哪里知道这全是车夫的提醒之功啊！

军国大事本不是车夫所长，丙吉在朝也难以想到边区的具体状况。只因容人小过，却意外收到了如此有利的效果。看来，关键就在于在车夫身上所表现出来的化短为长的力量的作用。

可见，容忍别人的小过失，他必将以自己的一技之长来酬答；宽大自己的仇人，他有可能会尽力回报你。只因为要报答恩人的感情激荡在胸中，所以他一有机会就跃跃欲试，他的才干一受到激励，就会尽量发挥。

郭进任山西巡检时，有个军校到朝廷控告他，宋太祖召见了那人，审讯后知道是诬告，就将他押送回山西，交给郭进，让郭进亲自处置他。当时正赶上北汉国入侵，郭进就对那人说："你竟敢诬告我，确实还有点胆量。现在我赦免你的罪过，如果你能出其不意，消灭敌人，我将向朝廷推荐你。如果你被打败了，就自己去投河，不要弄脏了我的剑。"那个军校在战斗中奋不顾身，英勇杀敌，居然打了大胜仗，郭进就向朝廷推荐了他，使他得到提升。

容人小过，不仅因为多数人或迟或早会有这样那样的过失、短处，而且还因为除了不可救药的人，都可以做到"过而能改"，并不自甘堕落。换言

之,容人小过,也是在为"过而能改"的人创造改过的条件。这样才能获得别人的尊重。容人小过,不念旧恶,这就是我们每个人都应该遵守的一条社交法则。

心灵悄悄话
XIN LING QIAO QIAO HUA >>>

谁都会犯错,只要不是一些原则性的大错,我们就没有必要太过计较。何必因为一些鸡毛蒜皮的小事而生气烦心呢?糊涂点才是真聪明。

要成人之美，不成人之恶

《论语·颜渊》篇说："君子成人之美，不成人之恶，小人反是。"这体现了浓厚的"仁者爱人"和"与人为善"的宽容气度。同时也显示了儒家思想中非常鲜明的是非观：好的就去鼓励，坏的就要制止。更显示了儒家"己欲立，先立人，己欲达，先达人"的博大胸怀。

生活中，大凡是好事情、好愿望，如果你有能力帮助，就应该伸出热情的手，给予支持，使之功成名就。

黄先生是某厂的厂长，由于他善于成人之美，厂里的职工大都喊他美厂长，其意思不是指他的外表美，而是指他的行为美和心灵美。厂里的职员小胡，因工伤而断了一条腿，在家里休养了半年之久，小胡说：

"有一天，厂里的司机开车到我家里来，帮我收拾行李，说是要出一趟远门，我问到哪儿去？司机说到我想去的地方去！回到厂里，我的心里好一阵热乎！由司机扶进黄厂长的办公室，黄厂长立刻停下手头上的活计，坐过来一边问我的腿伤，一边让秘书给我沏茶。我问黄厂长为啥把我接到厂部？黄厂长说我为了这个厂，贡献出了一条腿，作为厂长，应该资助我完成曾经的心愿——坐飞机，看海！还说这次由厂秘书负责陪我去实现这个愿望，其实是照顾我的生活起居！的确，坐飞机和到海边去，曾经的确是我的愿望，没想到厂长还记得，而且还把属于自己的疗养名额让给了我，说真的，当我由厂秘书陪着飞在天上的那一刻，当我由厂秘书扶着站在大海边的那一刻，我的泪流了下来！这样的厂长，这样的朋友，我的心里会永远装着的……"

在人际交往中，要真正做到成人之美，就要关心他人、重视他人、帮助

他人,为别人提供方便,使他人得到心理上的满足。成就别人也等于成就自己,成人之美,不仅使他人受益,同样也使自己受益。

科学家达尔文与华莱士的《进化论》创始人之"让"可谓是君子之风的充分体现。

1842年,达尔文开始着手写他的鸿篇巨制《进化论》。由于他是一个非常严谨的人,所以直到1858年他还在写这部书。他的朋友赖尔和虎克提醒他要加快速度,否则会有别人捷足先登的,达尔文一笑置之。他是一个非常严肃认真的科学家,他要使自己的理论尽可能地完善、严谨。

后来事情的发展果然被朋友言中了。1858年夏天,达尔文收到一位叫华莱士的年轻人寄来的一篇论文,年轻人在论文中提出了与达尔文的进化论完全相同的观点。在附言中,华莱士请他所尊敬和信赖的科学家(达尔文)将论文推荐给赖尔,赖尔正是提醒过达尔文的朋友。尽管达尔文比华莱士提前10年研究这个问题,而且也早已写出了完全可以表达自己观点的大纲,但他还是热情地将论文推荐给了他的朋友,并且放弃了自己的大规模写作。他的朋友认为这不公平,但他不以为意。当华莱士知道事情的真相后,非常感动,甘愿让出进化论创始人的位置。

两位科学家的胸襟不能不让人折服,他们是君子。

成人之美的举动,是值得颂扬和赞美的。不过,成人之美者,要有一双明辨是非的眼睛。别人的愿望是正确且有益于人的,我们就应该帮其实现;而别人的愿望只是为了其自己获名获利并在此同时又损人损公时,我们就得坚决阻止并劝其放弃,继而帮其改过从善。

心灵悄悄话
XIN LING QIAO QIAO HUA >>>

见人之美也不夸,见人之恶也不拦,在他们的眼中,是非美恶,与己无关,这样的人是交不来真心的朋友,敢说真话才是真朋友。要知道助人之美,是美德,帮人改过更是君子,更能赢得人心。

以宽容姿态对待同事

工作中，同事之间难免有不同意见，要尽量避免生硬的伤害他人自尊心的言辞，以商量的态度提出自己的看法。如果遇到不合作的同事，也要表现出你的宽容和修养。学会耐心倾听对方的意见，并对其合理部分表示赞同，这样不仅能使不合作者放弃"对抗状态"，也会开拓自己的思路。

某同事得罪过你，或你曾得罪过某同事，虽说不上反目成仇，但心里确实不愉快。如果你觉得有必要，可主动去化解僵局，也许你们会因此而成为好朋友，也许只是关系不再那么僵而已，但至少减少了一个潜在的对手。这一点相当难做到，因为大多数人就是拉不下脸来！要允许别人犯错误，也允许别人改正错误。不要因为某同事有过失，便看不起他，或一棍子打死，或从此另眼看待对方，"一过定终身"。

同事所犯的错误有时候会给你带来一定的损害，或在某种程度上与你有关。在这种情况下，能否用一种宽容的态度对待这种"过"，就是衡量人的素质的一个标准。原谅别人是一种美德，有时尽管自己心里并不痛快，但却应该设身处地地为同事着想，考虑一下自己如果在他那个位置会如何做，做错了事之后又有何种想法。

小张和小杨合作共同完成一项工程。工程结束后，小张有新任务出差，把总结和汇报的工作留给了小杨。正巧赶上小杨的孩子生病，小杨因为忙于给孩子看病，一时疏忽，把小张负责的工作中一个重要部分给弄错了。总结上报给主管以后，主管马上看出了其中的问题，找来小杨。小杨怕担责任，就把责任推给了小张。因为工程重要，主管立刻把小张调回来。小张回来后，莫名其妙地挨了主管一顿训斥。仔细一问，这才明白了是怎么回事，赶快向主管解释，才消除了误会。小杨平时与小张关系不错，出了

这事后,心里很愧疚,又不好意思找小张道歉。小张了解到小杨的情况,主动找到小杨,对他说:"小杨,过去的事就让它过去吧,别太在意了。"小杨十分感动,两人的关系又近了一层。

其实只要你愿意做,你的风度会赢得对方对你的尊敬,因为你给足了他面子。宽容大度是一种胸怀,为一点小事斤斤计较,争吵不休,既伤害了感情,也无益于成大事,甚至最后伤害的还是自己。

心灵悄悄话

虽然有的时候,对别人宽容是要以痛苦为代价的,但是当你显示出自己的宽容和大度时,机会也就随之而来了。

第四篇 >>>

成全他人，完善自己

　　我们每个人所期望的幸福，其实就是有一颗感恩的心、一个健康的身体、一份称心的工作、一位深爱你的爱人、一群值得信赖的朋友。假如我们用宽容的心态对待生活，善待挫折，少些抱怨，习惯于感恩他人，那么，你一定会得到他人更多的信任和喜欢，你也将会得到生活更多的眷顾和宠爱。

　　在这个过于复杂的社会，无论是为人处世，还是经营企业，都需要成全别人，都需要完善自我，拥有一颗谦卑的心，在生命的舞台上尽情地释放。宽恕别人的同时，你也是在宽恕自己。

珍惜身边的每一分真情

最难以得到的真情，却是最容易逝去的。不要让我们的固执遮住身边的风景，用感恩的心对待身边的每一分真情，才能让人生无憾。

从前有一座寺院，在拜佛门前的横梁上有个蜘蛛结了张网。由于每天都受到香火和虔诚的祭拜的熏习，蜘蛛便有了佛性。经过了五百多年后，蜘蛛的佛性大大地增进了。

这一天，佛陀光临了这座寺庙，趁香火甚旺之时，就问蜘蛛："我们今日相见总算是很有缘，看你在此修炼了这五百多年来，有什么真知灼见。"蜘蛛遇见佛祖很是高兴，连忙答应。佛陀问道："世间什么才是最珍贵的?"蜘蛛想后，就回答道："世间最珍贵的东西是'得不到'和'已失去'。"佛陀点头后便离开了。

时间一天一天地过去了，这只蜘蛛一直在寺庙的横梁上加强修炼，转眼间又过了五百年，它的佛性大增。一日，佛陀又来到寺前，对蜘蛛说道："你可还好，五百年前那个问题，你可有什么更深的认识吗?"蜘蛛依然认为世间最珍贵的是"得不到"和"已失去"。佛陀摇头走开了，并对蜘蛛说："你的佛性没有进步，并没有达到我想要的境界，以后我还会再来找你的。"

五百年又过去了，有一天，忽然间刮起了大风，风将一滴甘露吹到了蜘蛛网上。蜘蛛望着甘露，见它晶莹透亮，很漂亮，顿生喜爱之意。蜘蛛每天看着甘露很开心，它觉得这是一千五百年来最开心的几天。有一天，大风又刮了起来，不料大风将这一滴甘露吹得不见踪影了。

在少了甘露的日子里，蜘蛛感到非常无聊。看到蜘蛛难过的样子，佛陀又问蜘蛛："世间最珍贵的是什么?"

蜘蛛想到了甘露，便对佛陀说："世间最珍贵的是'得不到'和'已失

去'。"

佛陀说:"你还是没有改进悟性,就让你到人间走一趟吧。"

佛陀让蜘蛛投胎到一个做官的家庭,成了一个富家小姐,名唤"蛛儿"。佛陀赐予了她美丽的容貌。一日,新科状元甘鹿中士,皇帝决定在后花园为他举行庆功宴席。来了许多妙龄少女,其中还有蛛儿。席间甘鹿表演诗歌赋,大献才艺,在席的姑娘们无不为他倾倒。蛛儿知道这是佛陀所赐予自己的姻缘。

过了两天,佛陀便安排她们在寺院见面了。蛛儿与甘鹿在走廊上聊起了天。那日蛛儿很是开心,但甘鹿并没表现出对她的爱慕。蛛儿对甘鹿说:"你不记得16年前在寺庙中的事情了吗?"甘鹿感到很惊奇说:"蛛儿姑娘,你的想象力未免太丰富了吧。"说罢,就离去了。

又过了两天,皇帝下了命令,命甘鹿与长风公主完婚;蛛儿与太子芝草完婚。这一消息对蛛儿来说如同晴天霹雳。她怎么也想不通,佛陀竟然这样对她。几日来,她不吃不喝,生命危在旦夕之时,太子芝草赶来了,对奄奄一息的蛛儿说:"那日在后花园中我对你一见钟情,于是就苦苦求父王,他才答应。如果你离我而去了,那我活着还有何意义。"说着就拿起了宝剑要自刎。

就在此时,佛陀出现了,对奄奄一息的蛛儿说:"你可曾想过,甘露(甘鹿)是风(长风公主)带来的,最后也是风将它带走的。甘鹿是属于长风公主的,他对你不过是生命中的一段插曲。而太子芝草是当年寺庙门前的一棵小草,他看了你五百年,喜爱了你一千五百年,可是你从来没有低下头来看一看他。

"蜘蛛,如果我再问你,世间最珍贵的是什么?"佛陀又将一千五百年前的话题问她。

蜘蛛经历了人间大喜大悲后,终于一下子大彻大悟了。她对佛陀说:"世间最珍贵的不是'得不到'和'已失去',而是现在能把握的幸福。"于是,她与太子走上了幸福的道路。

"易求无价宝,难得有情郎。"在我们的人生旅程中,最难得的不是钱财等身外之物,而是我们每个人都渴盼追求的真情。

那么,什么是真情?"情感一点一滴的滋润与回报,良心一丝一缕的清

白与坦诚，灵魂一寸一分的纯净与善良"，这些都是真情给我们带来的感受。当真情来临，我们要学会珍惜和欣赏，学会珍藏这份真情。

很多时候，真爱也许就在我们身边，可是我们却沉湎在过去的痛苦中，忽视了身边的风景。没有人会永远在原地等我们，所以，我们应该好好地去把握真爱，把那些不该珍惜的都放下，去珍惜属于我们自己的真情。如果我们不知道珍惜，等你错失过后，只会又一次陷入痛苦中。

男孩和女孩在同一所学校。一天，女孩收到了一个男孩写给她的情书，女孩瞥了一眼信后的署名，说了一句极其伤人的话："如此不起眼的一个男生凭什么追求我？"那时她有资本，不仅年轻漂亮，并且特别聪明，学习成绩在学校里每次都是第一。女孩在男生的眼里简直就是可望而不可即！

男孩听到女孩甚是伤人的话后并没有伤心，而是认真说道："凭爱，爱有公平的权利！"她被他这句话镇住了，看了男孩好半天，然后，漫不经心地甩下一句："那你就耐心地在后面排队吧！"

元旦，学校组织舞会，学校里的白马王子枫深情地向女孩表白："我爱你，我想让你伴我一辈子！"女孩被枫折服了。女孩幸福地任她的王子紧紧拥抱着，心甘情愿地被这位王子牵走了那颗骄傲的心。王子出自名门，既聪明又帅气，对她更是痴迷心醉。于是，在众多的追求者中女孩选择了王子。女孩在偶尔间的回眸中，看到了那个苦苦追求女孩的男孩。男孩在欢呼的人群中默默地走开了。

然而，期望总是与现实相背离，好景不长。白马王子毕业后就去了国外，留下的是女孩无尽缠绵的相思和眼泪。几点忧伤，几许烦愁。可是，女孩依然等着远方看不到的王子。这时，这个男孩仍然是执着地不离不弃，他问她："现在，我在你心中排在第几？"女孩的眼泪滑过。她被他的爱感动了，她决定嫁给他。

"现在请新人交换戒指。"证婚人拿着话筒中规中矩地主持男孩和女孩的婚礼。可是，女孩突然惊慌失措地跑开了。"感动并不能代表爱情，我不能因为感动而步入婚姻。"女孩如是说。于是女孩离开了，在信中写道："给我三年的时间，在这三年里我们都可以交朋友，如果心里真的离不开对方，

我就回来,嫁给你,做你的丑老婆。"

在三年里女孩试着去忘记王子,在最后的一年,女孩也试着和另一个男孩谈恋爱,有一天这个喝醉酒的男孩居然打了她。随后,她拼命地朝着车站的方向跑去……她终于想通了,原本如古井般的内心早已因为那个男孩而流出了暖暖的爱意。一路上,她不停地对自己说:"我要站在他的面前,然后告诉他'我爱你'。"女孩想想男孩一定很惊讶,他一定笑得无比开心。

男孩家的门开了,可是她却看到他的身后站着一个漂亮、纯纯的女孩,男孩走过来对她说:"这是我的女朋友,她来为我过生日。"女孩的大脑里一片空白,女孩淡淡地笑着对男孩说:"我出差路过这里,来看看你……"

男孩送走女孩时,悠悠地说道:"你从来都不记得我的生日。"

女孩背过身,眼泪控制不住地涌出来。一个爱了她整整十年的男人的生日,她竟一次也没有记住过,而一直只是在等那个王子,最后,却让自己失去了真爱。

其实,我们的身边不乏故事中的女孩,苦苦追寻自己失去的爱情,抱着回忆不放,而忽视了身边真正爱自己的人。爱可能在一瞬间就会离你远去,而对于失去的爱,就不要再留恋,并不是谁离开了谁就无法生活。遗忘你的人,你也不要恋恋不舍,别让爱成为苦果,最终伤害的还是自己。我们要懂得珍惜我们现在的生活。

面对这些无法把握的情感,也许我们能做的就是无论付出多少,都要用心好好地去珍惜,努力去用心经营这份感情。纵然是无缘时的别离,至少留给自己的不会那么遗憾。得到也罢,失去也罢,至少我们努力过。

心灵悄悄话

XIN LING QIAO QIAO HUA >>>

幸福不是一劳永逸的,倘若不懂得珍惜彼此,美梦成真之时也许就是噩梦的开始。很多人都不知道珍惜自己握在手心的幸福,等到失去的时候才后悔当初不该轻易地错过,只可惜人生没有彩排,错过了就是一辈子。

待人处世，要留有余地

我们每个人做事不要做得太绝，须给自己和别人留有余地。这也是给自己留一条退路。何乐而不为呢？相反，如果你把事情做绝了，那最终吃亏的还是自己。

韩国北部的乡村公路边有很多柿子园，金秋时节正是采摘柿子的季节，当地的农民常常会留一些成熟的柿子在树上，他们说，这是留给喜鹊的食物。

经过这里的游客都会觉得不可思议，这时，导游就会给大家讲一个故事。这里是喜鹊的栖息地，每到冬天，喜鹊们都在果树上筑巢过冬。有一年冬天特别冷，下了很大的雪，几百只找不到食物的喜鹊一夜之间都被冻死了。第二年，一种不知名的毛毛虫突然泛滥成灾。那年秋天，果园没有收获到一个柿子。直到这时，人们才想起了那些喜鹊。如果有喜鹊在，就不会发生虫灾了。从那以后，每年秋天收获柿子时，人们都会留下一些柿子，作为喜鹊过冬的食物。

给别人留有余地，往往就是给自己留下生机和希望啊！人的生存与发展，依赖于千丝万缕的社会关系。在任何情况下，我们都要懂得给别人留有余地，尽可能不要把别人推向绝路，这样，事情的结果对彼此都有好处。

在现实生活中，许多人为了谋求个人利益，在别人背后放暗箭，中伤别人，甚至在别人处于逆境时落井下石，这是在破坏自己的人脉。一个人无论多么成功，也不能担保自己没有倒霉的时候，真到了那时，还有谁会向你伸出援助之手？所以得饶人处且饶人，留条活路给别人，也是在给自己留一条后路。

包容——得饶人处且饶人

不念旧恶是一种宽容,给别人留有余地,对人对己都有好处。况且在许多情况下,人们误以为"恶"的,又未必就真的是十恶不赦、伤天害理。退一步说,即使对你构成了伤害,对方若心存歉意,诚惶诚恐,你不念旧恶,以礼相待,进而对他格外开恩照顾,也会使他弃恶从善,立地成佛。

唐玄宗时,魏知古起家于一般的官吏,受到姚崇的重用,二人同时晋升为宰相。不久,姚崇请魏知古去代理吏部尚书的职位,负责去洛阳选拔士曹。同为宰相,可姚崇竟然在自己面前指手画脚,还把自己委派出去,知古因此对姚崇怀恨在心,一心要找机会报复。

当时,姚崇的两个儿子都在洛阳做官,知古到洛阳选士,此二人就依仗父亲的权势,千方百计想法示意知古多关照。待知古回到京城后,把这件事告诉了皇上。一天,唐玄宗召见姚崇,问:"你的儿子们有才干吗,都做了什么官?又是在哪里任职呢?"

姚崇揣测到玄宗话中的深意,于是就说:"我的两个儿子都在洛阳任职,他们言行不谨慎,此次一定是拿了什么物事去拜谒知古。可是臣还未来得及过问这事。"玄宗本来的意思是要试探姚崇,看他是否袒护自己的儿子,听了他的回答之后,很高兴,便说:"你是怎么知道的呢?"

姚崇答道:"知古贫贱之时,微臣引荐了他,方达到现在的显赫地位。我的儿子愚蠢,推想知古一定会报恩,会容忍他们的非分行为,所以一定谒过知古。"

姚崇巧妙地将话点给皇上听,显示出自己的宽宏,暴露了知古的薄情寡义。不久,玄宗便罢免了知古的职务。

然而,姚崇认为知古是个人才,为国家社稷考虑,遂捐弃前嫌,又为知古求情。于是玄宗又任命知古为工部尚书。

姚崇的度量确实过人,知古陷害他未成反受其害时,他仍求情于皇上,可见姚崇容人的雅量达到何种境界。

人与人之间,发生争执和碰撞都在所难免。一旦有了纷争,即使认为自己一方在理,也应避免过分的数落、指责。作为一个人,谁能一点毛病和错误也没有呢?"杀人不过头点地,得饶人处且饶人。"古人的话是非常有

道理的。在你有理的时候不要抓住不放，能宽恕就宽恕吧！

待人宽厚是一种美德，是一种博大的胸怀、一种不拘小节的潇洒、一种伟大的仁慈。自古至今，宽容被圣贤乃至平民百姓尊奉为做人的准则和信念，而已成为中华民族传统美德的一部分，并且视为育人律己的一条光辉典则。

心灵悄悄话
XIN LING QIAO QIAO HUA >>>

待人处世，也需要留有余地。有句谚语说得好："人情留一线，日后好见面。"留有余地，是进退自如，是收放从容，是处世的艺术，是人生的哲学。不留余地，好比下棋时的僵局，即使没有输，也无法再走下去了。

给别人让路也是给自己让路

选择让路,也就意味着选择了主动。因为你已经重新修正了自己。你的目光已经不再局限于眼前,而是看着将来。

有一个博学多才的人,是乡里有名的绅士。

一日,赶着去参加一个诗会,急匆匆地就出门了。去那个诗会的必经之路有一个独木桥。刚好这天是逢集,来赶集的人也要从这条独木桥上经过。

刚到独木桥边,见有一个老婆婆正从对面上桥,他一想自己是绅士,不能没风度地叫老婆婆让他先过,于是就礼貌地让老婆婆先过桥。老婆婆过来以后他还很绅士地向她微微一笑,老婆婆夸他真不愧是大家公认的绅士,他心里美滋滋的。

见老婆婆过了桥他又准备过桥了,恰巧这时他看到有一个孕妇已经在那头上了桥,尽管心里有些不乐意,但还是很礼貌地让孕妇先过了。孕妇过桥以后也夸赞他有风度,他也是对那孕妇报之一笑,以示风度。他看了看日头,时间是迫在眉睫了,于是低着头就直往桥上冲。

走到桥的一半,却与迎面而来的樵夫撞了个满怀,他有些生气了,但为了保持他的绅士风度,还是强忍着怒火,礼貌地对那樵夫说:"请让我先过去吧。"樵夫不乐意地回答:"你没看见我这肩膀上扛着很重的柴火吗?为什么你不让我先过呢?"绅士也急了:"你这个没文化的粗人!赶快让我过去!我要赶着去参加诗会!"樵夫并没有要让他过去的意思:"就你的时间要紧啊,你不知道今天是赶集吗?要是去迟了,我这担柴火还卖给谁?我一家老小吃什么?你以为像你们这些自视清高的文人写诗做文章就有饭吃了吗?"

二人就这样喋喋不休地吵了个没完。绅士一看参加诗会的时间早过了，索性也就赖在桥上了。樵夫心里盘算着："就算此时过桥，那买柴火的人也早走了，你赖在这里我也不会让你。"任凭后面赶着要过桥的人怎么劝说，他们就是不让，就这样僵持着，偶尔争吵几句。

这时，桥下漂来一叶小舟，小舟上坐着一位神态悠然的老和尚，绅士赶紧叫住了那和尚："老师傅，请慢行，您来给我评评理。"

和尚停下来问是怎么回事，樵夫和绅士都理直气壮地把事情的经过说了一遍，老和尚向樵夫问道："你这担柴火能卖多少钱？"

"如果去得早，能顺利地全卖完的话，可卖10文。"樵夫回答。

老和尚哦了一声继续问道："那现在若是让你先过桥，你这担柴火还能卖完吗？"

樵夫听他这么一问更来气了："被他这么一挡，市集早散了，我还卖给谁？"

这时老和尚不慌不忙地说："既然如此，你为什么一开始不让这位绅士先过桥呢？这样一来，他可以按时去参加诗会，而你也可以顺利把柴火卖完了。"樵夫被问住了，无言以对地低下头。

绅士见樵夫被问住了，心中暗喜，以为老和尚是帮着他说话的，还没乐完，老和尚又开口问他了："你的诗会很重要是吗？"

"当然，对于我们这些读书人来说，诗会是非常重要的，况且今天的诗会我是主角！"绅士得意地说道。

老和尚继续问道："既然它对你那么重要，你为什么不让这位樵夫大哥先过去，这样你便可以在诗会上大展拳脚了，更何况谦让应该是你们这些读书人必备的品行吧？"

绅士没想到老和尚会这样说他，有些急了："可是在这个樵夫之前我已经让了两个人了，凭什么还要我让他！"老和尚笑笑，说道："既然此前你都让了两个人了，那么你就不能再多让一个人吗？"

这下绅士被彻底问住了，顿时从脸红到脖子，他没有再反驳一句。

"年轻人哪，给别人让路的同时也是在给自己让路啊。"老和尚最后给他们留了一句话就飘然而去。

包容——得饶人处且饶人

在社会生活中,人们的习惯各异,脾气秉性不同,难免会发生误会和矛盾,只要不是原则性的问题,不妨多一点宽容,不妨主动谦让,做出适当的妥协和让步,以化解不必要的矛盾。谦让是中华民族的传统美德,谦让是一个人有涵养的表现,是对其他社会成员的尊重和宽容,并非意味着软弱可欺,更不是妄自菲薄。

在社会生活中,我们应学会谦让,妥善地处理与他人的矛盾和冲突。给别人让路也是在给自己让路。与人方便,自己方便。退一步海阔天空,让一让风平浪静。在生活中放宽心态,多一分宽容,少一点狭隘,谦让一些,既能显出自己的风度,又能减少很多不必要的麻烦。

蔺相如是赵国宦官缪贤家的门客,廉颇是赵国的大将。蔺相如因为为赵国夺回和氏璧,而被赵王拜为上卿,位在廉颇之上,而在这次和氏璧争夺战中,廉颇也立下了汗马功劳,却没有得到什么封赏。廉颇于是说:"我当赵国的大将时,有攻城野战的大功劳,可是蔺相如只凭着言辞立下功劳,如今职位却比我高。况且蔺相如出身卑贱,我感到羞耻,不能忍受自己的职位在他之下的屈辱!"并扬言说:"我碰见蔺相如,一定要羞辱他。"蔺相如听见这话,不肯和廉颇见面。相如每到上朝时,常说有病。不愿和廉颇争高低。过了些日子,蔺相如出门,远远望见廉颇,就叫自己的车子绕道躲开。

于是,他的门下客人都对相如说:"我们所以离开家人前来投靠您,就是因为爱慕您的崇高品德啊。现在您和廉颇将军职位一样高,廉将军在外面讲您的坏话,您却害怕而躲避他,恐惧得那么厉害,连一个平常人也觉得羞愧,何况您还身为宰相呢!我们实在不中用,请让我们告辞回家吧!"蔺相如坚决挽留他们,说:"你们看廉将军和秦王哪个厉害?"回答说:"自然不如秦王。"相如说:"像秦王那样威风,而我还敢在秦国的朝廷上叱责过他,羞辱他的群臣,难道单怕一个廉将军吗?但我考虑到这样的问题:强大的秦国之所以不敢发兵攻打我们赵国,只是因为有我们两人在。现在两虎相斗,势必有一个要伤亡。我之所以这样做,是因为先顾国家的安危,而后考虑个人的恩怨啊。"

廉颇听到了这些话,便解衣赤背,背上荆条,由宾客引着到蔺相如府上谢罪,说:"我这鄙贱的人,不晓得宰相宽厚到这个地步啊!"

· 128 ·

两人终于握手言好，成为誓同生死的朋友。

这个故事告诉我们，做事不一定非要与人争一时的高下，争一时的高下是武夫的行为。从大的方面讲蔺相如充分认识到了秦国之所以不敢侵犯赵国是因为他们两人的存在，如果他们两虎相斗，必定会像斗鸡博弈一样两败俱伤，而且还会殃及赵国，使秦国乘虚而入，一举拿下赵国。从小的方面讲，如果蔺相如也对廉颇恶语相向，那么，他们之间就会越来越仇视对方，彼此都会失去一个生死之交，所以，让步有百利而无一害。

"容忍"二字自古到今，都被谋士们用得淋漓尽致。"容忍"是意志的磨炼、爆发力的积蓄，是用无声的奋斗冲破罗网，用无形的烈焰融化坚冰，在容忍中发奋，在容忍中拼搏。作为政治家、军事家要有谋，管理一个国家要有谋，就要学会容忍。作为一个人，我们的生命是有限的。小溪追求大海，幼芽追求绿色，雄鹰追求蓝天，风帆追求激流，我们追求什么呢？生命是可贵的，生命也是短暂的，我们选择了生命，就要赋生命以意义。

心灵悄悄话
XIN LING QIAO QIAO HUA >>>

忍是一种强者的心态，更是一个人的修养。大凡看得开的人都善于忍耐，忍耐是给自己留有余地，而有了余地方能掌控住大局。要知道，如果我们欲成就一番事业，就应该时刻注意学会忍让，不能让浮躁愤怒左右我们的情绪。

懂得为别人留一分颜面

每个人都爱面子。你给他面子就是给他一份厚礼,而他也会还你一份尊敬。在处理面子的问题上。智者选择的是"宽容"。

楚庄王在平定大臣斗越椒的起兵谋反后,大摆宴席庆贺,直到日落西山,仍未尽兴。于是,楚庄王让人点上蜡烛,继续玩乐,并让自己最宠爱的妃子许姬给大臣们敬酒。

这时,忽然一阵风吹来,把蜡烛吹灭了,管灯的赶紧去取火。这期间,宴席中有一个人见许姬长得很漂亮,就乘着酒兴,趁蜡烛灭掉的时候伸手拉住许姬的衣袖。许姬大吃一惊,赶紧用左手扯回袖子,同时把这个人帽子上的缨花拔了下来,吓得这个人赶紧放开了手。

许姬拿着缨花走到楚庄王跟前说:"我去给大臣敬酒,没想到有个人竟然对我无礼,趁黑扯我的袖子。我已经拔下了他头上的缨花,只要蜡烛一亮,您就知道他是谁了。"庄王连忙对大臣说:"今天这个宴会,大家都把帽缨子取下来,喝个痛快。"等到大家都把帽缨子摘下来,楚庄王才叫人把蜡烛点亮。这样一来,到底是谁扯了许姬的袖子就不得而知了。

宴会散后,许姬责怪庄王没有逮住那个扯她袖子的人。庄王笑道:"酒后失态,是人之常情。今天我们是要图个高兴,如果因此而惩罚那个人,就会伤了大臣们的心,这就违背了我举办宴会的本意。当然,你也不要介意了。"许姬听了,暗暗赞叹楚庄王的宽广胸怀,这就是历史上说的"绝缨会"。

后来楚庄王率兵攻打郑国,副将唐狡主动请缨:"我愿率领百名部下,提前一天出发,为大军开路。"唐狡率领这一百多人,一直打到郑国城下。

楚庄王听到这个消息,就把唐狡找来,要重赏他,唐狡说:"大王您有恩于我,我做这些都是报答您的。"楚庄王感到很奇怪,就问:"我什么时候有

恩于你的?"唐狡说:"绝缨会上,扯许姬袖子的人就是我,感谢您的不杀之恩,今天我舍命相报。"庄王听了,感慨地说:"如果当时我真的把你抓起来,能有今天这个结果吗?"

安妮·斯韦钦曾说过:"心灵总是具有宽容的力量。"这种力量的强大之处就在于它能化解人们心中的隔阂、轻视等一系列心灵的"白色污染"。

得理不饶人并不会为你的人脉带来多大的收益,即使你是受害者,在与人发生冲突时,也不要揪住对方的"小辫子"不放。给对方一个台阶下,不但不会彰显你的软弱,反而会让你在情感上也成为胜利者,赢得别人更多的信任和尊重,从而让对方更加感恩。

因此,在交际中,如果不是为了某种特殊需要,一般应尽量避免触及对方的敏感区,避免使对方当众出丑。必要时可委婉地暗示对方的错处或隐私,给他造成心理压力,但不可过分,只需点到为止。

有一家著名饭店,经常有外宾慕名而来。一天,一位外宾吃完最后一道菜之后,顺手把精美的景泰蓝食筷悄悄装进了自己的西装内衣口袋里。

这一切被服务小姐看在眼里,她不露声色地迎上前去,双手擎着一只装有一双景泰蓝食筷的绸面小匣子说:"我发现先生在用餐时,对我国景泰蓝食筷非常喜欢。非常感谢您对这种精细工艺品的赏识。为了表达我们的感激之情,经餐厅主管批准,我代表本店,将这双图案最为精美并且经严格消毒处理的景泰蓝食筷送给您,并按照大酒店的'优惠价格'记在您的账簿上,您看好吗?"

这位外宾当然明白这些话的弦外之音,当即表示了谢意后,解释说自己多喝了几杯酒,头有点儿晕,误将食筷放入内衣口袋里,并借此台阶而下,说:"既然这种食筷不消毒就不好使用,我就以旧换新吧!哈哈。"说着取出内衣口袋里的食筷恭敬地放回餐桌上,接过服务小姐给他的小匣,不失风度地向付账处走去。

服务小姐得理也让人,巧妙地处理了这个说穿令外宾尴尬,不说穿令酒店损失的事件。因此,有时给别人一个台阶,保住别人的尊严,不失为明智的选择。

包容——得饶人处且饶人

　　每个人都有自尊心，而自尊心又如同生命的衣裳一样重要。当人的生命就要暴露的时候，及时地给他送一件衣服遮羞是多么的重要啊。何况人无完人，在生活中谁都有犯错的可能，谁都有遇到或者陷入尴尬的可能。给他人一个台阶，正是宽容的体现。给别人以宽容，不但能显示出一个人的修养，还往往会赢得别人更多的信赖。

　　英国诗人华兹华斯说得好："宽容是我们最完美的所作所为。"宽容是一泓温情而透明的湖，让所有一切映在湖面上，天色云影、落花流水。宽容有时候是对别人最大的恩惠，一个小小的不经意的或者有意的宽容都能够改变人的一生，何乐而不为呢？所以，让自己变成一个宽容平和的人吧！

心灵悄悄话
XIN LING QIAO QIAO HUA >>>

　　人非圣贤，孰能无过。有时难免做一些不适当的事，或者是错误的事。在这种情况下，你就要把握好指责他人的分寸，特别是在交际场合，既要指出对方的错误，又要保留对方的面子。

忍让，并不意味着懦弱可欺

克己忍让，意为"克制自己，忍让他人"。它并不是说一个人懦弱可欺，相反，它体现的是一个人宽容的美好性格、宽阔的心胸以及自信、坚韧的品格。

刘秀手下的颍川郡太守寇恂是个很懂得顾全大局而又非常聪明的人。坚持秉公执法，因而得罪权贵，结下怨仇。按理来讲，寇恂没有任何过错，但对方毫不知趣，几番寻衅。寇恂巧避仇恨，不去做无意义的争斗，是个善于忍仇的人。

有一次，执金吾贾复从京城洛阳去汝南郡，他手下的一个小军官在颍川郡杀了人。寇恂派人把这个军官抓来，在大街上砍头示众。贾复在汝南郡听到这件事，认为这是寇恂故意扫他的面子，气得骂道："真是岂有此理，打狗还得看主人呢！寇恂这小子，我绝饶不了他！"不久，贾复从汝南回洛阳，快到颍川郡时，对左右的人说："我见到寇恂，一定要亲手杀了他！"寇恂知道贾复不会放过他，就决定躲开，不跟贾复见面。

可是，贾复是京城来的大官，他从颍川郡路过，太守完全避开不见面也是不行的。寇恂想了想，吩咐手下人备下丰盛的酒饭，等贾复和他的随从们来了给每人送上两份酒食。贾复的队伍一进颍川郡地界，郡里的官员们就按照寇恂的安排，热情地迎上前去，献上好酒好饭，一个劲儿地劝他们多吃多喝。等他们吃饱了喝足了，寇恂突然赶来，表示欢迎，然后推说有病，匆匆忙忙地走了。贾复急忙叫人去追，但手下人一个个喝得醉醺醺的，撑得饱饱的，爬不起，跑不动，只好眼看着寇恂走远了。

寇恂是一个不计较个人恩怨，以国家利益为重的人。他能够清醒地对待别人对于自己的仇视，不与他人去争长论短，而是机智避退，并不是他软

弱无能,而是一个忠直之臣的过人之处。寇恂忍仇不争、不斗,是心胸博大,为国家着想。如若不忍,与贾复刀对刀、枪对枪地争斗起来,只能是仇更深,怨更大,解决不了什么问题。而退一步,对自己、对国家都有利,正是所谓退一步海阔天空。

忍让者总是以宁静平和的心绪去感化他人的浅薄行为,以宽厚博大的胸怀去容纳他人的悖理举动,最终以无可争议的事业成功来警示世人。因此,我们可以这样说,忍让是理性的以柔克刚,以退为进;能忍让者,意志必坚韧,必定具有良好的心理素质和道德品质,也必定能得到大家的拥护和尊敬。在人生道路上能谦让三分,就能天宽地阔。

富弼字彦国,是北宋仁宗时宰相,因为大度,上至仁宗,下至文武官员都称他品行优良。富弼年轻的时候,因聪明伶俐,巧舌如簧,常常在无意之间得罪一些人。事后,他自己也深为不安。经过反省,他的性格逐渐变得宽厚谦和。所以当有人告诉他某人在说他的坏话时,他总是笑着回答:"你听错了吧,他怎么会随便说我呢?"

富弼年少时,有一次,一个穷秀才想当众羞辱富弼,便在街心拦住他道:"听说你博学多识,我想请教你一个问题。"

富弼知道来者不善但也不能不理会,只好答应了。众人见富才子被人拦在街上,都拥过来看热闹。秀才问富弼:"请问,欲正其心必先诚其意,所谓诚意即毋自欺也,是即为是,非即为非。如果有人骂你,你会怎样?"富弼想了想,答道:"我会装作没有听见。"秀才哈哈笑道:"竟然有人说你熟读四书,通晓五经,原来纯属虚妄,富彦国不过如此啊!"说完,大笑而去。

富弼的仆人埋怨主人道:"您真是难以理解,这么简单的问题我都可以对上,怎么您装作不知呢?"

富弼说道:"此人乃轻狂之士,若与他以理辩论,必会言辞激烈、气氛紧张,无论谁把谁驳得哑口无言,都是口服心不服。书生心胸狭隘,必会记仇,这是徒劳无益的事,又何必计较呢?"

仆人却始终不理解自己的主人为何如此胆小怕事。

几天后,那秀才在街上又遇见富弼,富弼主动上前招呼。秀才不理,扭头而去,走了不远,又回头看着富弼大声讥讽道:"富彦国乃一乌龟耳!"

有人告诉富弼那个秀才在骂他。

"是骂别人吧！"

"他指名道姓骂你，怎么会是骂别人呢？"

"天下难道就没有同名同姓之人吗？"

他边说边走，丝毫不理会秀才的辱骂。秀才见无趣，低着头走开了。

忍耐和愤怒是造福和招祸的一个重要关口。忍是"心"字头上一把刀，表示如果不忍，就会招来灾祸。每个人来到世上后，都会遇到许多不顺心、不如意的事，甚至还会碰到被冤枉、被欺负的事，在此关头，是忍还是怒，可能在这短暂的时间内就能决定你的祸福。

许多人为了一些小利益争执或因一些鸡毛蒜皮的事而发生口角之争，互不相让，以致大吵大闹，进而大打出手，结果往往两败俱伤，甚至危及生命。由此可见，忍字是多么重要。古人云："忍一时风平浪静，退一步海阔天空。"当然忍也有个原则，例如当大众的利益受到损失、国家的荣誉受到侮辱时，这都不必忍，必须挺身而出。

心灵悄悄话
XIN LING QIAO QIAO HUA >>>

忍让，顾全的是大局，着眼的是未来，是一种海纳百川，容可容之人，容可容之言的气概，是一种为人处世的智慧。

退步,是为了更好地前进

我们不缺乏为理想而献身的英雄,缺少的是那些为理想而选择暂时逃避,以求东山再起的大英雄。

公元前496年,吴王阖闾派兵攻打越国,却被越王勾践击败。阖闾因伤重身亡,其子夫差继其王位,誓为其父报仇。

此后,勾践听说吴国要建一水军,于是不顾范蠡等人的反对,出兵要灭此水军,结果被夫差奇兵包围,全军覆没。

夫差要捉拿勾践,范蠡建议勾践假装投降,保全性命,留得青山在,不愁没柴烧,总会东山再起。

无奈之下,勾践选择了向吴王称臣,并亲自带着夫人去侍奉吴王,为吴王更衣、洗脚,做了奴仆应该做的事;勾践甚至为了验证吴王是否生病,亲自去尝吴王的大便。这一连串忍辱负重的行为,终于感动了吴王。

经过三年的忍辱负重,勾践等人终被放回越国。为了一雪前耻,勾践暗中训练精兵,每日晚上睡觉不用褥,只铺些柴草,又在屋里挂了一只苦胆。他不时会尝尝苦胆的味道,为的就是不忘过去的耻辱。

为鼓励民众,勾践还和王后一起参加劳动,在越人同心协力之下越国逐渐强大起来。

一次,夫差带领全国大部分兵力去赴会,要求勾践也带兵助威,勾践见时机已到,假装赴会,带领3000精兵,拿下吴国主城,杀了吴国太子,又擒了夫差,夫差后悔莫及。而勾践却没有给吴王夫差卷土重来的机会,立即处死了夫差。

从勾践灭吴的故事中可以看出,有的时候退却是进攻的第一步。勾践在吴越争霸中之所以能取得胜利,除了他具有忍辱负重的精神外,更重要

的是他具有谋划大事的智慧和能力。

试想，如果勾践只知道一味地忍辱负重，而不去谋划怎样能获得吴王的信任，进一步用美人、财宝去迷惑吴王，他能顺利回国吗？回国后，如果不谋求国家经济和军事的强盛，他也没有灭吴的实力。另外，对这场战争时机的把握，也体现了勾践的智慧，即选择在吴国北上争霸，国中空虚之时，进攻吴国。这些无不体现了退中的大智慧，退是为了更好地前进。

事实告诉我们，退作为一种圆融，是一种高深的智慧。

有些人看上去平平常常，甚至还给人"窝囊"不中用的弱者印象，但这样的人并不可小看。有时候，越是这样的人，越是在胸中隐藏着高远的志向抱负，而他这种表面"无能"，正是他心高气不傲、富有忍耐力和成大事讲策略的表现。这种人往往能高能低、能上能下，具有一般人所没有的远见卓识和深厚城府。

每当我们遇见一件事的时候，不妨冷静地想一想，如果互不相让，这样往往导致问题不能解决，反而落得个两败俱伤的结果。

其实，如果我们能够采取较为温和的处理方法，先退一步，使自己处于比较有理有利的地位，待时机成熟，便可以退为进，成功地达到自己的目的了。

退却是为了更好地前进，退却不是退缩，它是为了更深入地前进。退却是暴风雨来临之前短暂的平静，在这个短暂的平静中酝酿着更庞大、更猛烈的进攻计划。退是在你实力不具备时暂时的躲藏，是在躲藏中保存实力，以图在适当的时机东山再起！

敦刻尔克大撤退，是世界军事史上一次著名战役。

1940 年，第二次世界大战进入白热化阶段。5 月，德军开始进攻西欧。当时英国、法国、比利时、荷兰、卢森堡拥有 147 个师、300 多万士兵，兵力与德国实力相当，德军并无全胜的十足把握。

然而意想不到的是，由于法国的战略保守，固守长线，他们不准备与德军直接抗衡，而是把希望寄托于自认为固若金汤的马其诺防线上，对德国宣而不战。

谁知,德军并没有强攻马其诺防线,他们首先攻打比利时、荷兰和卢森堡,并绕过马其诺防线,从色当一带渡河入法国。法国随即沦陷。

此后不久,德国法西斯的铁蹄又踏入荷兰、比利时、卢森堡。

到了5月份,德军直趋英吉利海峡,把近40万英法联军围逼在法国北部狭小地带,只剩下敦刻尔克这个仅有万名居民的小港可以作为海上退路。如果40万人从这个港口撤退,在德国炮火的猛烈袭击下,后果不堪设想。当时,英国政府和海军发动大批船员,动员人民起来营救军队。他们的计划是力争撤离3万人。

对于即将发生的悲剧,英国民众显得无比悲伤,对政府的无能气愤无比。

不过,他们仍然宁死不惧地投入到撤离部队的危险中去,于是出现了驶往敦刻尔克的奇怪的"无敌船队"。这支船队中有政府征用的船只,但更多的是自发前去接运部队的民船。

这一切,都辉映在红色的背景中,这是敦刻尔克在燃烧。没有谁去扑火,也没人有空去救火,更没有人去与德军拼命。

德军不停地开炮,炮声轰轰,火光闪闪,天空中充满嘈杂声、高射炮声、机枪声……人们不可能正常说话,在敦刻尔克战斗过的人都有了一种极为嘶哑的嗓音。这嗓音成了一种荣誉的标记,被称为"敦刻尔克嗓子"。

就这样,这支杂牌船队在这种危险的情形下,救出了33万人。

事实上,敦刻尔克大撤退并不是一次战役,和诺曼底登陆完全无法比较。甚至可以说,这是在德军的穷追猛打之下,英国被逼无奈的逃亡之举。但正是这一逃亡,为盟军保存了日后反攻的主力,为将德意日法西斯最终送上断头台奠定了基础。试想,如果当时英法联军与人民不顾一切地选择抵抗,那么势必会导致全军覆没,让德军彻底征服西欧。

面对强劲的对手,一般人都会认为:绝不服输,这才是一个人应有的选择。

诚然,这样的选择没有错,然而拿鸡蛋碰石头,这无疑是不明智之举。有的时候,退却是为了更好地前进,为了取得更加辉煌的胜利。否则,原本未来可能会出现的转机,会因为自己的固执,导致付诸东流、全盘皆输。

面对不可克服的困难之时，我们应该保持一颗平常心，不要意气用事，更不要"逞英雄"，而是应当主动选择退却，这样成功的机会可能再次出现。

心灵悄悄话
XIN LING QIAO QIAO HUA >>>

后退可以为你获得重新规划的时间，这时就可以从长计议，从而实现理想宏愿、成就大事、创建大业。退却不是退缩，它是为了更深入地前进。退是在你实力不具备时暂时的躲藏，是在躲藏中保存实力，在退却时增加经验，以图在适当的时机东山再起！

忍小节,方能成大事

漫漫人生路,有时退一步是为了跨越千重山,或是为了破万里浪;有时低一低头,更是为了昂扬成擎天柱,也是为了响成惊天动地的风雷:忍是一种对毅力的磨炼。

张良的祖上是韩国人。秦灭韩之后,张良曾刺杀秦王未遂,秦王大为震怒,命令在全国各地大举搜捕,捉拿张良,于是他开始了流亡的生活。

有一天,他闲逛漫步,走到一座桥上,迎面走来一个穿布短衣的老者。张良侧身让老者先过,谁知那个老者走到张良跟前时,竟然故意将自己的鞋子丢到桥下,并且还毫不客气地喝令张良:"小子,下桥去把我的鞋取上来。"

张良本来见老者故意将鞋扔到桥下,觉得好生诧异,现在又见他命令自己下去拾鞋,心里很是气愤,正想转头就走,后又看在老者年纪很大的份上,就强压住心里的怒气,到桥下把鞋子捡了上来,正要递给老者,谁知那老者竟然不伸手去接,还毫不客气地对张良道:"既然捡上来了,就给我穿上吧。"

听了这样的话,张良更是怒气冲天,不过转念一想,既然都已经帮他捡了鞋,再帮他穿上也无所谓,于是,就跪着替老者将鞋穿好。老者也不客气,伸腿去穿。张良"低头"给老者穿鞋却连句谢谢都没有换来。老者只是笑了笑,抬腿就走了。没走多远,老者又背着手拐了回来,对张良说:"孺子可教也,5天后的早上,还在这里会面。"

张良虽然心里觉得有些蹊跷,但也没有多想,就满口答应了。

5天后,天刚刚亮,张良来到桥上,老者已经在那里了。见到张良,老者生气地指责他:"和长者相约,你却迟到了,太不像话了!现在回去,5天后,

早点过来。"

第二次，鸡刚啼鸣，张良就前往赴约，可等他赶到桥上时，老者又已站在桥上等他。老者转身就走，生气地说："你的架子好大啊，总要一个老人家等你。过5天再早点来。"

又过了5日，张良半夜就出发了，这一次终于赶在老者的前面到了桥上。

过了一会儿，老者来了，显得很高兴，笑眯眯地说："这一次没有失约，这样做才对呀。如果你在长者面前都不能够做到谦卑，那么又怎么能够成大事呢？"说完，他拿出一册书。"你把这本书读透了，就可以胜任帝王的老师了，10年后一定会得到验证。13年后，我们会在济水再次会面，那济水之北谷城山下的黄石就是我。"说完，老者扭头就走了。天明以后，张良发现老者送的书原来是《太公兵法》。此后，张良常常诵读这部兵书，后来终于成为刘邦的重要谋士，为刘邦六出奇计。为汉室江山立下了汗马功劳，成为西汉杰出的军事谋略家。他与韩信、萧何合称"汉初三杰"。

孔子说："小不忍则乱大谋。"

要做大事，须统观全局，不可纠缠于小事当中，摆脱不出。处理事情的时候，一味地强调细枝末节、以偏概全，就会抓不住要害问题去做工作，没有重点，头绪杂乱，不知道从哪里下手去做。由此可见，是否理智地处理事情，有时就成为事情成败的关键。

古人有"万事以忍为上"的古训，但不是什么事都忍，而应该分析局势，做出失小得大的决策。隐忍小节大事上才能精明，这才是明智之举。

忍小节，方能成大事。一个人遇事要忍耐，对事包容一点，对人大度一些。如果仅凭意气用事，不能忍耐，就会坏了大事，得罪好些能人。许多大事失败，常常都是由一些小事造成的。正所谓"小不忍则乱大谋"，如果没有一点忍耐的肚量，因为一点小事就冲动地大发脾气，只会影响大局，难成大事。所以，遇到特别强势的人，没有必要去"硬碰硬"，要懂得"不吃眼前亏"，才能够为将来蓄势，韩信就是这方面的典范。

韩信是中国历史上伟大的军事家、战略家、统帅和军事理论家。他本

人是淮阴人,西汉开国功臣。

他出身平民,少年时丧父,家境贫穷,他既不会种田做买卖,又不能去当官。很多人可能都想不到,韩信年轻时性格放纵,从来不拘小节,整天过着游荡的生活。为了填饱肚子,他不得不常借故到别人家里去蹭饭,许多人都讨厌他。但他一点儿都不在意。后来母亲去世,他依然游手好闲,经常被别人羞辱。

话说当年韩信虽然落魄,但是腰间却总是挎着一把宝剑。当时在淮阴城里,有一个杀猪宰羊的无赖,经常当面耻笑韩信:"别看你个子长得高大,喜欢带着刀剑四处招摇,其实你是一个怯懦之辈。"

有一天,这个无赖堵在韩信面前,当着街市上很多人的面,不让他通过,又开始羞辱韩信:"你若不怕死,就一剑把我杀了,如果贪生怕死的话,就从我胯下钻过去,我就放你过去。"韩信抬头看那无赖,注视了对方良久,什么也没说,慢慢低下身来,真的从他胯下钻过去了。从此,韩信钻胯一事成了众人的笑柄,大家都认为他是个怯懦之人,说他是"胯夫"。

陈胜、吴广起义后,项羽、刘邦相继起事,韩信先投项羽,不被重用,后归刘邦,亦不被重视。于是,韩信乘马而逃。萧何得悉,月夜追之,将其追回。萧何再三劝说刘邦,登坛拜将,以提高韩信的威望。刘邦照办了,韩信得到重用以后,果然为刘邦死命血战。攻下齐国后,韩信要求做代理齐王,刘邦听从张良的劝告,封其为真齐王。后来等到天下平定,韩信又被改封为楚王。

韩信遭受很多奚落和冷遇,但他并没有去争辩,他只是安静地走开;面对别人的施舍和指责,韩信并没有就此消沉下去;面对无赖的挑衅和侮辱,韩信没有去奋起反抗,他不吃眼前亏,躲开了无赖的锋芒,最后终于获得了成功。

一个人要能成就大事业,就要能忍小事,眼光需放远点,不要把一时的屈辱放在心上。当年,倘若韩信面对淮阴无赖的恶意挑衅不能忍,挥剑杀死无赖,虽然出了一时之气,图了一时痛快,但韩信必然要为此付出代价,轻则有牢狱之灾,重则丢掉性命。韩信忍得一时胯下之辱,却赢得将来在战场上的胜利,反观当年的胯下之辱,就显得微不足道了。

人生之中我们会遇见很多不平之事，如果非要去拿"鸡蛋碰石头"，只会自取其辱。好汉不吃眼前亏，惹不起就躲，这在很多时候都是明智之举。

心灵悄悄话
XIN LING QIAO QIAO HUA >>>

这里讲的忍并不是一味地退让、逃避，而是任何一位试图成大事的人的一种策略。为了专心做事，为了达到自己的目标，才忍辱负重，卧薪尝胆，不鸣则已，一鸣惊人。

第五篇 >>>

原谅他人,快乐自己

宽容是化解仇恨的最佳武器,能融化世上最冷酷的心,能遮掩一切过错;宽容使人不再受到怨恨的捆绑,而能享受心灵真正的自由。许多事情,当你打算用愤恨报复的心态去面对的时候,试着用宽容的心态去解决,或许你会发现另一种不一样的结局。那些解不开的结,化不了的矛盾,在此刻冰消溶解。正所谓"得饶人处且饶人",我们要记住,你能饶人,人才能容你,这也是宽容的回报。

宽容是一种快乐的生活态度,也是温情的另一种诠释;宽容是一种大度和谅解,也是雨后的彩虹。

原谅别人，迎来心灵的晴天

宽恕不是姑息别人的错误，也不是自己软弱的表现。宽容是一种理解、一种涵养。不是简单的饶恕。当别人做错事时，宽容对方往往是最好的处理方法。

某日，释尊禅师在寂静的森林中坐禅。

突然，一名女子匆匆地从树林中跑了过来，她跑得太慌张了，从释尊禅师面前过去，居然一点也没有发现禅师。

随后跑过来一名男子，他路过释尊禅师面前，扭头气冲冲地问道："和尚，你有没有看见一个女子经过这里？"阳光透过树叶，在男子脸上形成明暗不定的阴影。

禅师问道："什么事令施主这么生气？"

男子凶狠地说："这个女人骗了我的钱，我一定要杀死她！"

禅师说："施主，你已经失去了，不要再生妄念，丢了性命。"

男子没有想到禅师会这样说，站在那里，愣住了。

禅师又说："钱财丢失了，可以再赚回来，为了一时之气，弄得自己不快乐，甚至获罪，还有什么快乐可言呢？"

终于，男子眼睛里流露出愧然的神色，他在一瞬间顿悟了！他低下头来，脸上的怒气早已消失了，重新洋溢出平静的神色。

人往往在气愤的时候会丧失自我，做出令自己追悔莫及的事情。所以，遇事需冷静一点。心境宽一些，快乐才会多一些，遗憾才会少一些。

人非圣贤，孰能无过。每个人都有一时糊涂犯错的时候，朋友难免有缺陷和过错，理解、宽容是解除痛苦和矛盾的最佳良药，能升华友谊，使之

更纯洁、更纯净。我们不能因为一次错误就永远地给别人贴上坏人的标签。

也许在这个社会里,人情越来越冷漠,也许生活中确实存在很多矛盾和困难,每个人都有自己的难处,生活的压力真让人有点儿喘不过气来。但是,诅咒、谩骂、生闷气都无济于事,只要冷静观察,就会发现,人们的生活本来就是苦、辣、酸、甜、咸五味俱全。在生活中,看不惯的很多,理解不了的也很多,失望的也很多;但人的能力毕竟是有限的,愤世嫉俗不会改变事态的发展,不会使关系缓和,反而会给疲惫的身躯又增加了几分新的负担。

所以,当我们把埋怨化为宽容和理解,我们就会发现,我们的身边还是有温暖的。

查尔斯和布赖恩是从小生活在一起的伙伴。二次大战爆发后,他们一起参加了这次战争。

有一天,他们的部队在森林中与敌军相遇,发生激战。最后他们两人与部队失去了联系。两人在森林中艰难跋涉,互相鼓励、安慰。半个月过去了,他们仍未与部队联系上。幸运的是,他们打死了一只羚羊,依靠羚羊肉又可以艰难度过几日了。然而,这以后他们再也没看到任何动物,他们把仅剩下的一些羚羊肉背在自己的身上。

这一天他们在森林中遇到了敌人,经过再一次激战,两人巧妙地避开了敌人。就在他们自以为已安全时,只听到一声枪响,走在前面的查尔斯中了一枪,幸亏只打在肩膀上。布赖恩惶恐地跑了过来,看到浑身是血的查尔斯,他害怕得语无伦次,抱起查尔斯的身体泪流不止,赶忙把自己的衬衣撕下包扎战友的伤口。

到了晚上,布赖恩一直念叨着母亲,两眼直勾勾的。两人都以为他们的生命即将结束,身边的羚羊肉谁也没动。天亮后,部队救出了他们。

几十年后,布赖恩去世了,查尔斯说:"我知道谁开的那一枪,他就是我的伙伴。在他抱住我时,我碰到了他发热的枪管,但当晚我就原谅了他。我知道他想独吞我身上的羚羊肉,我也知道他想为了他的母亲而活下来。战争太残酷了,他母亲还是没有等到他回来。我和他一起祭奠了老人家。

那一天，他跪下来，请求我原谅他，我没让他说下去。此后30年，我假装根本不知道此事，也从不提及。我们又做了几十年的朋友。我宽容了他。"

一次可贵的宽容，换来了一生的朋友之情，可见，宽容给我们带来的好处是无穷的。

因此，我们要想在这个社会中活得舒心、自在一些，就必须收敛自己的争强好胜和计较的狭窄心胸，对于世事和人都多一些豁达、大度，笑对人生。有时一个微笑、一句幽默就能化解人与人之间的怨恨和矛盾，填平感情的沟壑。

我们要学会让自己保持一种恬淡的心态，去做自己应该做的事情。整日为一些闲言碎语、磕磕碰碰的事情郁闷、恼火、生气，总去找人诉说，与对方辩解，甚至总想变本加厉地去报复，这将会贻误自己的事业，失去更多美好的东西。

心灵悄悄话
XIN LING QIAO QIAO HUA >>>

真正有雅量的人是超然物外的，不被名利富贵所累，更不会被仇恨桎梏，有的只是维护世界的宁和之心。他们在宽恕对方的同时，用行动感化对方，让世界少一些不幸，让人与人之间回归那种最温馨、友善和祥和的关系。

以德报怨是宽容的最高境界

当曾经伤害自己的人需要帮助的时候，没有选择视而不见或者是落井下石，而是选择了伸出援助之手。这样的宽容之心是最高尚的。

从前有一个富翁，他有三个儿子。在他年事已高的时候，富翁决定把自己的财产全部留给三个儿子中的一个。可是，到底要把财产留给哪一个儿子呢？富翁请醒世大师帮忙拿个主意。于是，醒世大师想出了一个办法：他要富翁的三个儿子都花一年时间去游历世界，回来之后看谁做到了最高尚的事情，谁就是财产的继承者。

一年时间很快就过去了，三个儿子陆续回到家中。醒世大师要三个人都讲一讲自己的经历。

大儿子得意地说："我在游历世界的时候，遇到了一个陌生人。他十分信任我，把一袋金币交给我保管。可是那个人却意外去世了，我就把那袋金币原封不动地交还给了他的家人。"

二儿子自信地说："当我旅行到一个贫穷落后的村落时，看到一个可怜的小乞丐不幸掉到湖里了。我立即跳下马，从河里把他救了起来，并留给他一笔钱。"

三儿子犹豫地说："我……我没有遇到两个哥哥碰到的那种事。在我旅行的时候遇到了一个人，他很想得到我的钱袋，一路上千方百计地害我，我差点儿死在他手上。可是有一天我经过悬崖边，看到那个人在悬崖边的一棵树下睡觉，当时我只要抬一抬脚就可以把他踢到悬崖下。我觉得不能那么做，正打算走，又担心他一翻身摔下悬崖，就叫醒了他，然后继续赶路了。这实在算不了什么有意义的经历。"

醒世大师点了点头，说道："诚实、见义勇为都是一个人应有的品质，称

不上是高尚。有机会报仇却放弃，反而帮助自己的仇人脱离危险的宽容之心才是最高尚的。我建议您把全部财产交给老三。"

恩将仇报的人是屡见不鲜的；有机会报仇却放弃，反而帮助自己的仇人脱离危险的人并不多见。但只有这么豁达宽容的人才堪称品德高尚，才能享受人生的最高境界。

在面对那些曾经给我们心灵和身体带来巨大痛苦的人们时，能够做到抛弃仇恨，善待自己的仇人是多么不容易的事情。然而，苏联老百姓却做到了，他们的举动曾经震撼了整个世界。

苏联作家叶夫图申科讲过的一则故事：

1944 年冬天，两万德国战俘排成纵队，从莫斯科大街上穿过，所有的马路都挤满了人。苏军士兵和警察警戒在战俘和围观者之间，围观者大部分是妇女：她们当中的每一个人，都是战争的受害者，或者是父亲，或者是丈夫，或者是兄弟，或者是儿子，都让德寇杀死了。妇女们怀着满腔仇恨，朝着大队俘虏即将走来的方向望着。

当俘虏们出现时，妇女们把一双双勤劳的手攥成了拳头，士兵和警察们竭尽全力阻挡着她们，生怕她们控制不住自己的冲动。这时，一位上了年纪的妇女，穿着一双战争年代的破旧的长筒靴，把手搭在一个警察肩上，要求让她走近俘虏：她到了俘虏身边，以怀里掏出一个用印花布方巾包裹的东西。里面是一块黑面包，她把这块黑面包塞到了一个疲惫不堪的、两条腿勉强支撑得住的俘虏的衣袋里。于是，整个气氛改变了，妇女们从四面八方一齐拥向俘虏，把面包、香烟等各种东西塞给这些战俘。

在这个故事的结尾，叶夫图申科写了这样两句话："这些人已经不是敌人了，这些人已经是人了。"

这两句话十分关键地道出了人类面对世界时所能表现出的最伟大的善良和最伟大的生命关怀。当这些人手持武器，出现在战场上时，他们是敌人；可当他们解除了武装出现在街道上时，他们是跟所有别的人，跟"我们"一样具有共同人性的人。

包容——得饶人处且饶人

苏联老百姓可以在大街上把敌人转化为人,给予友爱和关怀,把惩罚化为温暖,把伤害变成祥和,这是一件非常美妙的事。这些德国俘虏是犯错的人,但他们没有被遗弃,没有受打击,他们重新找回了失落的灵魂。这一切都是宽容的胸怀带给他们的结果。

宽容是一剂良药,是一缕和煦的春风,是冬日里的太阳,是夏日里的凉风;宽容不是软弱,而是一种情操,一种难得的人生境界。宽容一点吧,对人对己都没坏处。

心灵悄悄话

XIN LING QIAO QIAO HUA >>>

人生在世,会与许许多多的人接触,难免会有人有意或无意地给我们造成一些伤害,如果一味地将这些伤害记挂在心,时刻与之计较,那我们的心灵就会被气恼和怨怒所折磨,背负上沉重的包袱。倒不如用理解和原谅做药引,熬一服宽容的汤药,这既能解除别人的痛苦,更能让自己变得快乐健康!

宽恕别人，也是放过自己

仇恨只能永远让我们生活在黑暗之中，而宽恕却能让我们的心灵获得自由、解放。学会宽恕别人，就是学会善待自己，因为宽恕别人，可以让自己的生活更轻松愉快。

中国有句俗语说："冤冤相报何时了?"在一个冤仇链中，必须有醒悟者自觉地截断当中的一个环节，才能中止这种可怕的冤仇，否则永无宁期，生生世世谁都活不好。

孔子的学生子贡曾问孔子："老师，有没有一个字，可以作为终身奉行的原则呢?"孔子说："那大概就是'恕'吧。"这个"恕"，就是宽恕。

有一个男孩有着很坏的脾气，于是他的父亲就给了他一袋钉子，并且告诉他，每当他发脾气的时候就钉一颗钉子在后院的围篱上。

第一天，这个男孩钉下了 37 根钉子，慢慢地每天钉下的数量减少了，因为他发现控制自己的脾气要比钉下那些钉子来得容易些。终于有一天这个男孩再也不会失去耐性乱发脾气了，他把这件事告诉了他的父亲。父亲对他说："现在开始每当你能控制自己的脾气的时候，就拔出一颗钉子。"

时间一天天地过去了，最后男孩告诉他的父亲，他终于把所有钉子都拔出来了。父亲握着他的手来到后院说："你做得很好，我的好孩子。但是看看那些围篱上的洞，这些围篱将永远不能回复成从前。你生气的时候说的话将像这些钉子一样留下了疤痕。如果你拿刀子捅别人一刀，不管你说了多少次对不起，那个伤口将永远存在。话语的伤痛就像真实的伤痛一样令人无法承受。"

有人说："人的心如同一个容器，当爱越来越多的时候，仇恨就会被挤

出去,我们不需要一味地、刻意地去消除仇恨,而是不断用爱来充满内心,用关怀来滋润胸襟,仇恨自然没有容身之处。"的确,睚眦必报,只能说明你无法虚怀若谷。

其实,宽恕真的很简单,当一个污黑的足球印在雪白的休闲裤上时,只是对着踢球人微笑一瞥,这就是宽恕。当别人因升迁晋级未达到目的而甩来恶言脏语时,你仍然为这人擦净办公桌、泡上香茶,这也是宽恕。

当我们的心为自己选择了宽恕的时候,我们便解放了自己,获得了应有的自由。因为我们已经放下了怨恨的包袱,无论是面对朋友还是仇人,我们都能够赠以甜美的微笑。在众生当中,能够相遇、相识,这就是缘分。当你因仇恨而相识,不可否认的是,在你的心里已经牢牢记住了对方的名字。如果你因为整天想着如何去报复对方而心事重重,内心极端烦躁和压抑,那么倒不如尝试着放下仇恨,以宽容自己一样的心态去宽恕对方,这样你就可以因此多一个可以谈心的好朋友。每一个人都需要朋友,多一份宽恕,便能让我们多一位朋友。

心灵悄悄话
XIN LING QIAO QIAO HUA >>>

宽容是一种美德,当然宽恕伤害自己的人不是一件容易做到的事,要把怨气甚至仇恨从心里驱赶出去,的确是需要极大的勇气和胸襟的。学会宽恕别人,就是学会善待自己。宽恕别人,可以让生活更轻松愉快。宽恕别人,就是解放自己,还心灵一份纯净。

真正的原谅是从内心接纳对方

人的一生总是会碰到伤害到自己的人，面对别人的失误对自己造成的伤害，需要的是谅解和遗忘。宽容别人是种美德。原谅让我们如释重负，忘却计较，给自己的生活带来新的能量。

包布·胡佛是一位著名的试飞员，他的胆识过人，技术一流，在美国的飞行员中属于佼佼者，并且常常在航空展览中表演飞行。

有一次，胡佛参加一场飞行表演，结果飞机在返回的途中发生了意外——在飞机降落到距离地面300米高空的时候，胡佛发现飞机的发动机突然熄火了。看到这样的情形，胡佛自然非常紧张，因为这几乎意味着机毁人亡。当时胡佛的飞机里还有另外两个人，也就是说，三条人命已经危在旦夕了。不过值得庆幸的是，他运用了熟练的技术，安全地让飞机着陆，但是飞机严重损坏，所幸的是没有人受伤。在迫降之后，胡佛的第一个行动是检查飞机的燃料。和他想的一样，他所驾驶的第二次世界大战时的螺旋桨飞机，居然装的是喷气机燃料。

回到机场以后，他要求见见为他保养飞机的机械师，那位年轻的机械师为所犯的错误极为难过。当胡佛走向他的时候，他正泪流满面。他造成了一架非常昂贵的飞机的损失，还差一点使得三个人失去了生命，可以想象这位极有荣誉心，事事要求精确的飞行员必然大为震怒，会痛责机械师的疏忽。但是，胡佛并没有计较那位机械师的疏忽，甚至没有批评他。相反地，他用手臂抱住了那个机械师因懊悔而颤抖的肩膀，对他说："为了显示我相信你不会再犯错误，我要你明天再为我保养飞机。"

机械师还沉浸在紧张、沮丧、痛悔的情绪中，听到了这番话以后，简直不相信自己的耳朵，直到胡佛离开以后他还没醒过神来。

斗争的艺术，就是做人的艺术。在很多人眼中，这句话成了为人处世的座右铭，尤其当真理掌握在自己手中时，自己会更加情绪激扬。其实不然，得理而饶人才是做人的艺术。胡佛的做法肯定让机械师终生难忘，认定胡佛是个值得尊敬的人。所以，面对他人的失误，我们一定要懂得：只要是人，都可能出现错误，知错能改自然是最好了。

胡佛的原谅并不是说说而已，他是在行动上接纳对方。当然，这件事情给了这个机械师一次终生难忘的教诲。而胡佛在年轻机械师犯了这么大错误的时候，只是简单寥寥几句含蓄的批评就又重新给机械师机会，机械师又怎么会不感恩戴德呢？我们相信，在下一次检修的时候他一定会万分小心的。

原谅是一门艺术，一门做人的艺术。原谅精神是一切事物中最伟大的行为。原谅别人，就是在心理上接纳别人，理解别人的处世方法，尊重别人的处世原则，更要给予对方一份信任。我们在接受别人的长处之时，也要接受别人的短处、缺点与错误。这样，我们才能忘记计较和怨恨，真正地和平相处，社会才显得和谐。

有一次。发明大王爱迪生和他的助手辛辛苦苦工作了一天一夜，终于研究制造出了一个电灯泡。他们非常珍惜这个成果，随后，一个年轻的学徒把这个灯泡拿到楼上的实验室好好保存。这名学徒知道这是个十分重要的东西，心里非常紧张，结果在上楼的时候，不住地哆嗦，一下子摔倒了，把电灯泡摔得粉碎。

爱迪生非常惋惜，但没有斥责或者计较这名学徒。过了几天，爱迪生和他的助手又用了一天一夜制造了一个电灯泡，做完后，爱迪生想也没想，仍然叫来那名学徒，让他送到楼上。这一次，什么事也没有发生，年轻的学徒安安稳稳地将灯泡拿到了实验室里保存好。

事后，爱迪生的助手计较地说："原谅他就够了，你何必再把灯泡交给他呢？万一又摔在地上怎么办？"爱迪生回答："原谅不是光靠嘴巴说说的，而是要靠做的。这才是真正的原谅。"后来，这个年轻的学徒成为爱迪生最得力的左右手。

哲学家说，宽容是一个人的修养和善良的结晶；心理学家则说，宽容是家庭生活的一剂调味品，此言极是。常言道：金无足赤，人无完人。面对别人的错误、过失，聪明的做法就是宽容待之。宽容别人的同时也是在宽容自己，是在解脱自己。倘若人与人之间没有宽容，恐怕我们的生活将会充满仇恨与报复，人们也感受不到幸福的滋味。

《圣经》上说，"怀着爱心吃青菜，也会比怀着怨恨吃牛肉好得多"。德国著名的"悲观论"哲学家叔本华在他绝望的时候，否定了先前说的"生命是一种毫无价值而又痛苦的冒险"，改说"如果可能的话，不应该对任何人有怨恨的心理"。

原谅会使枯萎的感情发出新的枝芽，让我们走出狭窄的河道，汇入广阔的海洋。唯有不计较对方的错误，才能宽恕自己的缺失。原谅了别人，放弃的是旧怨，得到的是新生。原谅别人不易，但学会原谅别人必会得到自己的安康和轻松。

心灵悄悄话
XIN LING QIAO QIAO HUA >>>

生活就像山谷回声，你付出什么，就会得到什么；你耕种什么，就得到什么；你冲着对方笑，对方就会冲着你笑；你冲着对方骂，对方就会冲着你骂。能包容忍耐的人不但有很好的修养，还可以为自己创造快乐的生活。

宽容,往往会让结果变得更好

世间并无绝对的好坏,而且往往正、邪、善、恶交错,所以我们立身处世有时也要有清浊并容的雅量。

在一个寺院里有一个老法师,他是这个寺院里最德高望重的人。

一天傍晚,他在禅院中散步。突然看到墙角边有一张椅子,他一看便知道是有人违反寺规越墙出去溜达去了。

发现这个情况,老法师也不作声,悄悄地走到墙边,慢慢地移开椅子,就地蹲下来。一会儿,果真有一个小和尚翻墙而入,黑暗中睬着老法师的肩膀跳进了院子中。当他双脚着地时,才发现刚才自己踏的不是椅子,而是自己的师父。见状,小和尚惊慌失措,张口结舌,想着这下该被赶出寺院了,心里非常恐慌难过。

但是出乎他意料的是,师父非但没有厉声地责备他,只是以平静的语气说:"夜深天凉了,快去多穿一件衣服吧!"

小和尚听了很受感动,这件事以后,他再也没有违犯寺规。

故事中的老法师是个宽容的人,发现小和尚违反寺规,他以宽容的心态去处理这件事情,就使双方都少了许多不必要的麻烦,小和尚也因为感恩而不再违犯寺规。我们不妨想一想,如果当时老法师对其大加斥责,小和尚最终可能会被赶出寺院,痛苦自然少不了,寺院可能也会生出许多烦恼出来。

宽容在处理事情的时候起到很大的积极作用,对于人的身心健康都是十分有益的。如果你以宽容之心去对待你周围的人,就自然会忽略他们在生活、工作、学习过程中的一些过失,能够有效地防止事态扩大而加剧彼此

之间的矛盾，避免产生严重的后果。事实证明，不懂得宽容的人，只会使烦恼和痛苦殃及自身。过于苛求别人或苛求自己的人，必定会使自己处于极为紧张的心理状态之中，也不容易感受到快乐。

一次，在公共汽车上，一个男青年往地上吐了一口痰。乘务员看到了，对他说："同志，为了保持车内的清洁卫生，请不要随地吐痰。"没想到那男青年听后不仅没有道歉，反而破口大骂，说出一些不堪入耳的脏话，然后又狠狠地向地上连吐三口痰。

那位乘务员是个年轻的姑娘，此时气得面色涨红，眼泪在眼圈里直转。车上的乘客议论纷纷，有为乘务员抱不平的，有帮着那个男青年起哄的，也有挤过来看热闹的。大家都关心事态如何发展，有人悄悄说快告诉司机把车开到公安局去，免得一会儿在车上打起来。

没想到那位女乘务员定了定神，平静地看了看那位男青年，对大伙说："没什么事，请大家回座位坐好，以免摔倒。"一面说，一面从衣袋里拿出手纸，弯腰将地上的痰迹擦掉，扔到了垃圾筐里，然后若无其事地继续卖票，看到这个举动，大家愣住了。车上鸦雀无声，那位男青年的舌头突然短了半截，脸上也不自然起来，车到站没有停稳，就急忙跳下车，刚走了两步，又跑了回来，对乘务员喊了一声："大姐！我服你了。"车上的人都笑了，七嘴八舌地夸奖这位乘务员不简单，真能忍，虽然骂不还口，却将那个浑小子制服了。

这位女乘务员的确很有水平。她面对辱骂，如果忍不住与那位男青年争辩，只能扩大事态；与之对骂，又损害了自己的形象；默不作声，又显得太沉闷了。她请大家回座位坐好，既对大伙儿表示了关心，又淡化了眼前这件事，缓解了紧张的空气；她弯腰若无其事地将痰迹擦掉，此时无声胜有声，比任何语言表达的道理都有说服力，不仅感动了那位男青年，也教育了大家。

"天地本宽，而鄙者自隘"，《菜根谭》上的这句话可谓警世之言，学会宽容，是处世的需要。因为我们过分去计较，所以我们经常不开心。如果我们心存宽容，能够容纳和理解世上的对错、是非，那就自然可以避免许多

烦扰,没有烦扰的介入,我们的内心就自然能够获得平静和快乐了。

西晋文学家潘岳在《西征赋》中写道:"乾坤以有亲可久,君子以厚德载物。"人生在世,要学会宽容。宽容是一种博大的情怀,它能包容人世间的喜怒哀乐;宽容是一种至高的境界,它能使人跃上大方磊落的台阶。只有宽容,才能"愈合"不愉快的创伤;只有宽容,才能消除人为的紧张与痛苦。宽容一如阳光,亲切,明亮。温暖的宽容也确实让人难忘。

心灵悄悄话
XIN LING QIAO QIAO HUA >>>

荷兰的斯宾诺沙说过:"人心不是靠武力证服而是靠爱和宽容大度征服的。"人与人之间的交注难免有碰撞,即便是心地最和善的人,也难免会伤害到他人。如果过于去计较,不仅会使自己陷入无尽的烦恼之中,也会置旁人于痛苦之中。所以,我们要以宽容之心多去谅解别人、理解别人。

学会用欣赏的眼光看待别人

俗话说，尺有所短，寸有所长。人各有其长处和优点，学会赞美别人的长处，放大别人的优点，时常给予人一种肯定、一种理解、一种尊重，也是一种宽容。

美国著名的成功学家戴尔·卡耐基在小的时候，是有名的坏孩子。

他偷偷地向邻居家的窗户扔石头，还把死兔子放在桶里，放在学校的火炉里烧烤，弄得臭气熏天。

9 岁那年，他的父亲娶了继母。父亲对继母说："亲爱的，你要注意他，不然他会向你扔石头，他是全天下最坏的孩子。"

继母好奇地走向这个孩子。当她对孩子有了了解后，她说："你错了，他并不是全天下最坏的孩子，而是最聪明的孩子，只是还没有找到发挥他聪明的地方罢了。"

继母很欣赏戴尔·卡耐基，在她的引导下他的聪明得到了发挥，最后他取得了让人意想不到的成就。

心理学家威廉·詹姆斯说："人性最深层的需要就是渴望被别人欣赏。"的确，在人与人的交往中，我们要学会欣赏他人，赞美他人。从戴尔·卡耐基的经历我们可以看出，每个人都有自己的闪光点，正是继母的欣赏，改变了他的一生。这可以让我们与他人进行更有效的沟通，缩短彼此的距离。

其实，懂得欣赏别人的长处，可以让我们与他人进行更有效的沟通，缩短彼此的距离。如同向他人心灵播撒阳光一样，每个人都渴望得到来自社会、来自他人的首肯与认可，人类除了一些基本需要之外，还有一种对于自

重感的内心"饥饿"。如果我们能诚挚地满足别人这种心理需求，那么，就会给他带来希望。

生活中，一个内心简单而澄净的人，才会时刻抱着欣赏的眼光，去看待这个平凡如我的世界。这样，对于他人的赞美，便是由内而发、真诚质朴的；由此给对方带来的温润也将是脉脉滋养的。

张强因为聪明灵活、能说会道，被公司调入销售部。可一连几个月，张强不但销售成绩是整个团队里最差的，而且经常不能完成任务。眼看就要开年终会了，人人都担心他会被老总辞退。

年终会上，老总开始品评员工。老总谈吐风趣、爱说笑话，所以会场气氛十分愉快，而张强却十分紧张。老总表扬了一些业绩出色的主管和员工后看到了张强的资料，低下了头沉默了一会儿。

这让张强更加紧张了，在偌大的空调会议室里，他的脸却涨得通红。汗水顺着脸颊滑落。看了一小会儿，老总终于开口了："下面我要说的这位员工，可能在业绩上没有前几位那么优秀，但他却有一点非常宝贵的优点。"

坐在底下的张强不禁放松了些，知道自己肯定没有被赞许的份儿，可万万没有想到，领导继续刚才的话，马上就说出了自己的名字。这让张强本来放下的心又一次提到了嗓子眼儿。

"之所以表扬张强，是因为我看到他身上具有非常可贵的团队协作意识。他虽然个人业绩差了些，但在座的每一位同仁几乎都得到过他的配合。他牺牲了许多自己的时间与精力，配合部门里的各位同事做了许多客户的工作。以至于大家只看到了个人成绩，而忽略了张强这位幕后英雄。明年我们的合作重点就落在张强身上了，相信他一定能做好；也希望大家都能向他学习，经营好我们这支团队。"

听到这番话，张强备受感动，是老总为自己"挽回"了这份工作。除了努力工作，他感觉再也没有其他的方法能对得起老板的这番"赞扬"了。果不其然，半年后张强的业绩在公司已经是中上等水平了。

从这个故事里我们可以看出，学会欣赏别人的长处，很多时候都会起到积极的效果。它表达的是我们的一片善心和好意，传递的是信任和情

感，化解的是有意无意间与人形成的隔阂和摩擦，更是一种宽容的体现。

人类除了一些基本需要之外，还有一种对于自重感的内心"饥饿"。如果谁能诚挚地满足这种心理需求，谁就可以游刃于人际关系之中，享受到冲破藩篱的心灵往来。而赞美就是一种欣赏和感谢，它给人带来的喜悦恰好替代了一副冷漠的面孔和一张吝啬的嘴巴给人的失望。赞美往往能够拉近我们与他人之间的距离，让"你和我"变成"我们"。如同人际交往中的润滑剂，赞美让我们与外界的沟通之道变得简单、变得平坦。

正如美国哲学家约翰·杜威所说的一样，人人都需要赞美，"人类本质里最深远的驱策力，就是希望具有重要性"。而欣赏别人的实质，其实就是对别人的尊重，我们对别人的欣赏，有的时候可以改变一个人的一生。

所以，我们在和别人的交往中，不要总盯住别人的缺点不放，我们要学会欣赏别人的长处，这样才会让自己不断进步，才会获得别人的肯定。赞美别人，仿佛是举起了一只火炬，照亮别人的同时也照亮了自己。它让彼此远离的个体更加贴近，让彼此隔阂的心墙破冰融合。可以说，它在人际关系中起着四两拨千斤的作用，以最简单的方式获得了不可估量的效果。

心灵悄悄话
XIN LING QIAO QIAO HUA >>>

会欣赏别人是一种境界、一种涵养、一种素质，绝不是对自己人格的贬低，相反是对自己人格的提升；不是自己学识的丢失，而是自己能力和水平的提高；不是自己感情的遗弃，而是自己精神的丰富和情操的陶冶。

少一个敌人,就多一个朋友

人生最大的敌人,不是别人;人生最大的胜利,不是制敌。在帮助敌人的同时,便获得了以德报怨的境界。无论是否能化敌为友,我们的慧根都会越来越丰盈。

战国时期,中山国的相国司马憙勤于政事,向国君请示或商讨国家大事时,常常忘记时间,一说就是大半天,甚至一直谈到半夜。而国君也非常信任司马憙,很愿意听他的谋论和规划,但因此而逐渐忽略了后宫生活。许多嫔妃都对司马憙意见纷纷,尤其是国君的宠姬阴简。

阴简十分憎恨司马憙,一有机会就在国君的枕边说他的坏话。时间一长,国君的态度也有所改变。而司马憙对此也有所耳闻,十分明白自己的处境。于是他决定不能这样坐以待毙。

没过多久,机会就来了。赵国为了互通有无,专门派了一位使者来访中山国。对战国七雄之一的赵国来使,小小的中山国自然是不敢怠慢。国君专门命司马憙寸步不离地陪伴在赵国使臣身边,生怕有一点疏忽。

在一次宴会上,司马憙问使者:"听说贵国美女如云,尤其擅长音乐,是这样吗?"

使者谦逊地说:"并非如此。"

司马憙恰好抓住了这样的话机,紧接着说:"我曾经到过许多国家,见过无数美女,但总觉得没有能比得上我们国君的宠妃阴简的。她的容貌倾国倾城,仪态婀娜多姿,简直有如仙女下凡一般!"

说者有意,听者亦有心。赵国使者暗自记在了心里,回国后便马上把这一情况禀报给了赵王。赵王听闻,还未见到阴简本人,心里就已经蠢蠢欲动了。于是,赵王再次派使者到中山国,请求把阴简送给自己。

阴简是中山国国君最宠爱的妃子，被视为掌上明珠。现在赵王要夺人所爱，中山国君哪里肯应。但如果不给，以赵王的气势必会报复中山国，很多百姓便要蒙难。

正当中山王左右为难、束手无策之时，司马熹恰如其时地向国君进谏说："启奏大王，臣有一个办法，既可以回绝赵国，又可以避免百姓罹受侵略之苦。"

国君一听十分高兴，忙问道："你有什么万全之策？"

司马熹回答说："您可以立即册封阴简为王后，这样赵王为了不过于丧失体面就不好意思再要人了。"

中山国君立即照办。就这样，中山国保全下来了，阴简也顺利地做了王后。

阴简因为司马熹向国君荐言册封自己为王后，不但不再嫉恨司马熹，反而对他感激涕零，尊重有加。司马熹终于摆脱了困境。

帮助敌人，就能让我们减少一个敌人；而少一个敌人在这里就可以说是多了一个朋友。由敌人转变而来的朋友，会比一般朋友对我们更好。因此，帮助敌人不但是保护自己，更是为自己找到更大的助力。

林肯总统对竞争对手以宽容著称，后来终于引起了议员的不满，议员说："你不应该试图和那些人交朋友，而应该消灭他们。"林肯微笑着回答："当他们变成我的朋友，难道不是正在消灭我的敌人吗？"如果说，人的一生中有敌人，那么除了我们自己，也就再无他人了。

2008年9月，美国总统竞选已经到了非常关键的时候，以奥巴马、拜登为候选搭档的民主党和麦凯恩、佩林为候选搭档的共和党，正在进行着激烈的争夺战。恰在此时，共和党副总统竞选者佩林爆出重大新闻：他17岁的女儿未婚先孕，这一"丑闻"使共和党处于尴尬的境地。

有一天，记者请奥巴马谈谈对这件事情的看法。奥巴马沉思片刻，平静地说了句："我妈妈在17岁时生下了我。"

喧闹的现场一阵沉默！谁都没有想到，奥巴马会给出这样仁慈、朴实和高尚的回答，现场的沉默终于被一阵热烈的掌声打破。

此后,奥巴马的支持率节节攀升,许多中间选民开始倒向奥巴马,因为奥巴马的胸怀打动了他们,他们认识到只有宽厚的人才能胜任美国总统。

培根曾经说过:"没有情人,会很寂寞;没有敌人,也是寂寞的。"足球场上的两队竞技,必先相互握手以示感谢后,才可开场;拳击赛开始时,选手要互相鞠躬致意,胜败分晓后还要握手言和;美国总统大选揭晓后,当选者第一件事就是要致电感谢落选的一方。可见,没有了"敌人",我们的成绩便失去了很多色彩;而帮助敌人,则可以让我们自身更上一层楼。

在当今社会中,战场上两军对阵、杀得你死我活的敌人已经不太常见,更多的是商场里的"冤家"和同行里的对手,正所谓"同行相嫉,文人相轻"。其实,这都是竞争所致。然而,正像达尔文物竞天择的进化法则所阐释的,竞争可以带来进步。

总之,"敌人"可以时刻让我们保持警醒与精进;没有对手,就会松懈,"孤独求败"的高处不胜寒想必就是如此。真正大智者对于敌人,不但不消灭,反而培养对方成为激励自己上进、成长的对手。

心灵悄悄话
XIN LING QIAO QIAO HUA >>>

人与人之间,有时候朋友可以成为敌人,有时候敌人也会成为朋友,区别就在于我们看人的角度和做人的态度。然而,朋友可以是永久的朋友,敌人却不要成为永久的敌人;凡是能化敌为友的,必是胸怀韬略、大智若愚之人。人生最大的敌人,不是别人;人生最大的胜利,不是制敌,而是化敌为友。

慈悲没有仇敌，宽容没有烦恼

一只脚踩扁了紫罗兰，它却把香味留在了那脚跟上。这就是宽恕。世界上只有一种人能够做到没有永远敌人。那就是懂得宽恕之道的人。

《六度集经》中曾经记载着这样一个故事：

长寿王仁政爱民、慈悲为怀，使国家风调雨顺、财富民丰。然而不曾想却因此而勾起了邻国贪王的野心，准备出兵抢夺。长寿王不愿殃及无辜百姓，便决定舍弃王位，与儿子长生一起遁隐山林。

贪王占领了长寿王的国土后，欲壑难填，仇意肆起，下令追捕长寿王父子。长寿王在一次敌我力量悬殊的偷袭中，为了保护儿子而不幸被捕。临死前，长寿王看到自己的儿子混杂在人群中，满怀仇恨地盯着贪王，便大声说："希望我的儿子能以仁为诫，以德报怨，不要为我报仇。"

虽然听到了父亲的遗言，但满腔怒火的王子一心只想着报仇。于是他千方百计地得到了贪王的赏识，进而成为贪王的贴身侍卫。

在一次伴随贪王出行的途中，长生刻意让贪王远离随从，在山林间迷了路。筋疲力尽的贪王躺下来休息，在其熟睡之际，长生正准备动手杀了他，但忽然想起父亲的遗言，便犹豫不决起来。

最终，长生决定尊奉父亲的遗言，原谅贪王，同时，主动向贪王表明了自己的真实身份，并说："你杀了我吧，免得我报仇的念头又死灰复燃。"

震惊的贪王被长寿王父子的宽容和仁慈所感动，当下幡然醒悟，于是将国土归还给了长生，两国从此结为兄弟之邦。贪王自己也一改残暴，像长寿王一样善待人民、体恤疾苦了。

对于仇恨来讲，宽恕往往比报复难做得多，但这也正体现了一种对人

对事包容、接纳的气度和胸怀。正如圣严法师所说："慈悲没有敌人，智慧没有烦恼。"真正的宽容来自博大的胸襟，来自爱人如己的智慧。的确，心怀宽容，尤其是面对仇恨时仍能容纳对方，是让人肃然起敬的。然而，生命的意义就在彼此的接纳中展现出它的和谐之美。饶恕是一种极高的境界，一个饶恕别人的人，也会因为自己的生活中不再充满仇恨而得到心灵的释放。

也许我们还没有遭遇像长寿王父子的仇恨，但人们在生活中也大都会受到有意无意地伤害。有的人生气后，随时间而淡化；有的人拿起武器进行反击，并适时而止；有的人置之一笑，调整好心态，继续走自己的路；有的人却无法从不快的心理阴影中走出来，他们常常扒开伤口查看，每看一次，伤口便扩大一分，于是报复心理便随之产生。

选择后面这种消极的方式，且不说能否给对方造成痛苦，单就其本人为此所浪费掉的宝贵时间、破坏掉的好心情，也会使之因受制于别人而偏离了自己原有的人生轨道，心灵自然也就无法自由地飞翔。反之，当他人以恶劣的态度相向时，我们若能忍耐一时之气，以宽容之心对待，以理智之态处理，那么在不知不觉中便会创造出许多美好。

明代英臣金忠在任兵部尚书时，有个同籍的老乡来京师谋生，想求助金忠略扶一二。但又非常担心金忠容不下他，因为此前自己曾多次侮辱过金忠。

没想到，金忠听说后，非但没有挟嫌报复，反而尽力举荐他。这让跟随金忠多年的手下人气不打一处来，便问金忠："这个人不是曾经多次伤害过您吗？"

金忠只说了一句："我举荐他是因为他身上有可以为国家效力的才能，又怎么能以个人的恩怨而有意遮掩呢？"

古人大度容人的英雄气概无疑让我们敬仰。然而反观自己的生活，却并不尽如人意：亲朋好友之间因为一句闲话而争得面红耳赤，形同陌路；邻里之间因为孩子打架而导致大人吵嘴，老死不相往来；夫妻之间因为琐事而同室操戈，劳燕分飞；父子之间因为考试、工作而意见不合，竟至横眉

冷对。

但是我们是否认识到，这样的事情导致的结果往往都是两败俱伤，彼此身心俱疲。所以说，容忍、宽恕别人，同样也是在善待自己。就像人们常说的，我们的心如同一个容器，当爱越来越多的时候，仇恨就会被挤出去。消除仇恨并不需要刻意的复杂而为，只要用一颗简单的宽容之心来不断充实自己，那么仇恨自然也就没有容身之所了。如此，仁爱的光芒便会照亮我们的心灵，让我们在参透人生智慧的同时，获得那份难得的从容与超然。

心灵悄悄话
XIN LING QIAO QIAO HUA >>>

原谅伤害自己的人也是避免自己受到更深的伤害，而且说不定还能得到别人的帮助，助你走上成功之路。不要因为别人对你造成的伤害或者别人忘恩负义而计较不止。人活在这个社会，应该以平和的心态潇潇洒洒地为自己活着，让我们永远不要去试图报复我们的仇人，因为如果那样做的话，我们只会深深地伤害自己。

记住该记住的，忘记该忘记的

忘记别人给予你的所有不愉快，记住别人所给予你的哪怕一丁点的好处。这样，你会很快乐，别人也会很快乐。而你的朋友圈子会像滚雪球一样越滚越大。

阿里有一次与朋友吉伯、马沙两位朋友一起外出旅行。

三个人一同行经一处陡峭的山谷时，马沙不小心突然失足滑落。幸亏吉伯拼命拉住他，才将其救上来。马沙当即很受感动，随手就在附近的大石头上刻下了这样的字："某年某月某日，吉伯救了马沙一命。"

三个人又继续向前走了几天，一同来到一处河边，吉伯因为一件小事与马沙争吵起来，吉伯当时一气之下，就打了马沙一个耳光。马沙跑到附近的沙滩上写下这样的字："某年某月某日，吉伯打了马沙一耳光。"

当他们旅游回来后，阿里十分好奇地问自己的朋友马沙道："你为什么要将吉伯救自己的事情刻在石头上，而将吉伯打自己的事情写在沙滩上面？"

马沙这样回答："我永远都对吉伯心存感激，他救了我性命，我要让自己永远记住。至于他打我的事情，我只想让它随着沙滩上的字迹一同消失，将它忘得一干二净。"

马沙的话值得我们深思，生活中的我们也应该牢记别人对你的帮助，牢记生活中的感动，而忘记别人对你的不好，忘记过去的伤痛，这样我们才能让自己时常对生活心存感动，才能让自己体味到更多的快乐和满足。

谁不愿拥有一个不为烦恼所动的快乐人生呢？所以，人生短暂，何必对过去的痛苦耿耿于怀呢？何必要自己伤害自己呢？我们一定要网开一

面,宽恕所有的人;而宽恕别人,就是爱护自己,是真正、彻底地爱护自己。要知道,最有力量的是宽恕,是慈悲;最有力量的是"当下",不是过去,也不是将来。

在古代,有两个很要好的员外,一个姓张,一个姓周。两人关系很好,往来频繁。张员外有一个女儿,而周员外则刚好有一个儿子,理所当然地,两个人为使彼此间的关系更为亲密,就打算撮合他们的儿女成婚。

虽然两个人是青梅竹马,但是他们的感情进行得并不顺利,经常会发生争吵。两家人都是当地有头有脸的人,儿女们的这种关系也让周张两家极为伤脑筋。

没想到,他们担心的事情果真发生了。就在他们快要成亲的时候,张员外的女儿竟然被人毒害。而据官府详细调查后,杀人凶手正是周员外的儿子。为此,周员外的儿子被关进大牢中,两家人的身心因此也受到沉重的打击。

从此以后,两家的关系就变得极为紧张,他们的生活也变得暗无天日。令张员外一家较为恼火的是,周员外的儿子在事实面前却从来不承认是自己杀害了张员外的女儿,而周员外极力地为儿子的罪行拼命奔走,疏通关系。如此一来,两家便结下了深仇大恨,两家人也开始进行明争暗斗,每每两败俱伤。

一年以后,官府最终判决周员外的儿子为谋杀罪。周员外为了消除儿子的罪行,千方百计为张员外一家做经济补偿,不惜重金,以求得张员外能到牢狱里去为儿子说情。但是无论怎样多的补偿都无法弥补张员外的丧女之痛。每当自己悲痛难忍之时,张员外就不停地埋怨自己当初怎么就看错了人。而周员外的全家也是天天都生活在自责之中,他们怨恨自己怎么没能教育好自己的儿子,埋怨自己不该为了自己的利益而撮合儿子的婚事。

本来是所有人眼中的美好姻缘,没想到生活却会如此的捉弄人,致使两家人的内心都不安。就这样一年又一年过去了,两家人的心情总是被巨大的阴影所笼罩,张员外与周员外再也没有往来过,他们也从来没有真正地笑过。然而,就在他们苦苦承受了十几年的痛苦后,最终的事实却证明,

张员外女儿的死并不涉及善恶情仇,一切都和周员外的儿子无关。

真相大白之后,张员外无比自责地对周员外说:"十几年来,我们所受的心灵上的折磨是我们永远支付不起的! 其实,我们那个时候都应该多想想对方的好,把仇恨忘记。"周员外也承认,他们为此所付出的代价是用任何金钱也换不回来的。

人生有多少个十年? 生命太过短暂,十年的心灵折磨是用任何财富都支付不起的。如果两家都能及时地忘却仇恨,那便不会有如此多的折磨和煎熬了。其实,只要你静下心来想想,过去的仇恨没有什么大不了,过去的毕竟过去了,再纠结、再痛苦也无法挽回了。只有选择及时将其忘记,才能弥补你已经失去的,才会迎来如夏花般绚烂的明天。

要知道,没有谁与谁是天生的仇人,只不过因为某件事情发生了矛盾,发生了些摩擦而已,其实完全可以大度地抛弃这些不值当再用生命去支付的痛苦,否则,只会让自己痛苦一辈子,后悔一辈子,让生命永远得不到解脱。

人生没有彩排,再完美的演出也有缺憾。努力地忘记一些生命中的人和事,那些欢快的、悲伤的……所有的记忆都毫不留情地删除或者封印,不去触摸,只有这样才可以让痛苦降到最低。对错怪或伤害过自己的人,我们的心灵不要被仇恨、烦恼所蒙蔽。怒火中烧、烦恼怨恨,都将对自己和他人造成伤害。

心灵悄悄话
XIN LING QIAO QIAO HUA >>>

即使在不如意的环境中,也要努力营造一个充满欢乐与友爱的生活。那么,回想我们所恨的人的一些优点,念及他曾做过的一些好事,而对他拙劣的一面视而不见,如此怒气可能就会缓和下来,烦恼也会烟消云散,心中会充满慈悲。

第六篇 >>>

包容合作，成就大业

　　所谓包容就是常以善意去宽待有着各种缺点的人，要知道"金无足赤，人无完人"，学会包容别人才会让自己快乐起来。包容别人并不是软弱的表现，反而是一种高贵的人格品质。很多的独生子女，容易形成以自我为中心，只有家长有意识地结合身边的事例以及一些文学作品，教育孩子关心他人，友爱、宽容，遇事与人商量，才能逐步让孩子学会合作。

　　在日常生活中，放手让孩子多和别人交往，在交往中出现矛盾时，家长轻易不要去干涉，要相信孩子们会在一起商量他们自己能够接受的方式。

人与人，在互惠中成长

　　人生就像是战场，人与人之间有时候难免要处于互相对立的位置，但是人生毕竟不是战场。战场上敌对双方中的一方不消灭对方就会被对方消灭，生活却不必如此，不用争个鱼死网破、两败俱伤。

　　运动场上非赢即输的角逐、学习成绩的分布曲线向我们灌输非此即彼的思维方式，于是我们常常通过输赢的"有色眼镜"看人生。倘若不能唤醒内在的知觉，只为了争一口气而奋斗，人与人一辈子都只会拼个你死我活。从来不去用互惠双赢的思维解决问题，无论是对个人还是对整体，这将是多么大的损失。

　　互惠互利的思维鼓励我们在解决问题时要共同探讨，以便能够找到切实可行并令所有人受惠的方法。现在已经不是一个"天下唯我独尊"的时代，人们更倾向于达到一种共荣共赢的状态。有这样一个故事，真假且不去分析，从中你可以更深刻地明白何谓共赢。

　　在美国的一个小村子里，住着一个老头，他有三个儿子。大儿子、二儿子都在城里工作，小儿子和他在一起，父子相依为命。

　　突然有一天，一个人找到老头，对他说："尊敬的老人，我想把你的小儿子带到城里去工作。"老头气愤地说："不行，绝对不行，你滚出去吧！"这个人说："如果我给你儿子找的对象，也就是你未来的儿媳妇是洛克菲勒的女儿呢？"老头想了想，终于，让儿子当上洛克菲勒女婿这件事打动了他。过了几天，这个人找到洛克菲勒，对他说："尊敬的洛克菲勒先生，我想给你的女儿找个对象。"洛克菲勒说："快滚出去吧！"这个人又说："如果我给你女儿找的对象，也就是你未来的女婿是世界银行的副总裁，可以吗？"洛克菲勒同意了。

又过了几天,这个人找到了世界银行总裁,对他说:"尊敬的总裁先生,你应该马上任命一个副总裁!"总裁先生说:"不可能,这里这么多副总裁,我为什么还要任命一个副总裁呢,而且还必须是马上?"这个人说:"如果你任命的这个副总裁是洛克菲勒的女婿,可以吗?"结果自然可知,总裁先生同意了。

人与人在互惠中寻求共赢。共赢思维是一种基于互敬、寻求互惠的思考框架与心意,目的是获得更多的机会、财富及资源,而非敌对式竞争,既非损人利己,亦非损己利人。

所以,大家好才是真的好,大家赢才是真的赢。人与人相处,应该像离开水的螃蟹,螃蟹在陆地上也可以生存,不过离开水的时间不能太久,所以它们需要不停地吐泡沫来弄湿自己和伙伴。一只螃蟹吐的沫是不大可能把自己完全包裹起来的,但几只螃蟹一起吐泡沫连接起来就形成了一个大的泡沫团,它们也就营造了一个能够容纳自己的富含水分的生存空间,彼此都争取到了生存的机会。特别是处在当今时代,只有告别"独行侠"时代,你才可以"笑傲江湖"。

有人也许会有疑问:有些天才就是特立独行的,他们也取得了巨大的成就,伟大的成就有时候就是需要别具一格啊!是的,在一些领域里,具有非凡天赋和付出超人努力的人会取得巨大的成就,比如凡·高和爱因斯坦。但是再有才华的人取得的成就也是以前人的成就为基础的,而且在企业里,这样的人是不可能取得长期成功的,苹果电脑的创始人之一史蒂夫·乔布斯正是其中的代表人物。

美国航天工业巨头休斯公司的副总裁艾登·科椿斯曾经评价乔布斯说:"我们就像小杂货店的店主,一年到头拼命干,才攒那么一点财富。而他几乎在一夜之间就赶上了。"乔布斯22岁开始创业,从赤手空拳打天下,到拥有2亿多美元的财富,他仅仅用了4年时间。不能不说乔布斯是有创业天赋的人。然而乔布斯因为独来独往、拒绝与人团结合作而吃尽了苦头。

他骄傲、粗暴,瞧不起手下的员工,像一个国王高高在上,他手下的员

工都像躲避瘟疫一样躲避他。很多员工都不敢和他同乘一部电梯，因为他们害怕还没有出电梯之前就已经被乔布斯炒鱿鱼了。

就连他亲自聘请的高级主管——优秀的经理人、前百事可乐公司饮料部前总经理斯卡利都公然宣称："苹果公司如果有乔布斯在，我就无法执行任务。"

对于二人势同水火的形势，董事会必须在他们之间决定取舍。当然，他们选择的是善于团结的斯卡利，而乔布斯则被解除了全部的领导权，只保留董事长一职。对于苹果公司而言，乔布斯确实是一个大功臣，是一个才华横溢的人才，如果他能和手下员工们团结一心的话，相信苹果公司是战无不胜的，可是他选择了"独来独往"，不与人合作，这样他就成了公司发展的阻力，他越有才华，对公司的负面影响就越大。所以，即使是乔布斯这样的出类拔萃的开创者，如果没有团队精神，公司也只好忍痛舍弃。

事实上，一个人的成功不是真正的成功，团队的成功才是最大的成功。对于每一个职场人士来说，谦虚、自信、诚信、善于沟通、团队精神等一些传统美德是非常重要的。团队精神在一个公司、在一个人事业的发展过程中都是不容忽视的。

松下公司总裁松下幸之助访问美国时，《芝加哥邮报》的一名记者问他："您觉得美国人和日本人哪一个更优秀呢？"这是一个相当尴尬的问题，说美国人优秀，无疑伤害了日本人的民族感情；说日本人优秀，肯定会惹恼美国人；说差不多，又显得搪塞，也显示不出一个著名企业家应有的风度。

这位聪明的企业家说："美国人很优秀，他们强壮、精力充沛、富于幻想，时刻都充满着激情和创造力。如果一个日本人和一个美国人比试的话，日本人是绝对不如美国人的。"美国记者十分高兴："谢谢您的评价。"正当他沾沾自喜的时候，松下幸之助继续说："但是日本人很坚强，他们富有韧性，就好像山上的松柏。日本人十分注重集体的力量，他们可以为团体、为国家牺牲一切。如果10个日本人和10个美国人比试的话，肯定可以势均力敌，如果100个日本人和100个美国人比试的话，我相信日本人会略胜一筹。"美国记者听了目瞪口呆。

包容——得饶人处且饶人

"没有完美的个人，只有完美的团队"，这一观点已被越来越多的人所认可。每个人的精力、资源有限，只有在协作的情况下才能达到资源共享。

单打独斗的年代已经一去不复返，只有懂得合作的人才能借别人之力成就自己，并获得双赢。朋友，你想成为真正的笑傲职场的"英雄"吗？那就彻底告别"独行侠"的角色吧。

心灵悄悄话
XIN LING QIAO QIAO HUA >>>

工作中，有人自视甚高，以为做事"舍我其谁"。他们喜欢单干，如高傲的"独行侠"一般，以自我为中心，极少与同事沟通交流，更不会承认团队对自己的帮助。

胸襟开阔方能成就伟业

如同千人千面，人的度量也是千差万别的。有的人豁达大度，"将军额上能跑马，宰相肚里能撑船"；有的人睚眦必报，锱铢必较，你碰我一拳，我一定踢你一脚。

人非圣贤，谁能没有七情六欲，即使是讲究"跳出三界外，不在五行中"的佛门中人，也还要常常念叨"出家人以慈悲为怀，善哉！善哉！"为的是时时提醒自己宽容大度，何况凡尘中人。

有一个男孩有着很坏的脾气，于是他的父亲就给了他一袋钉子，并且告诉他，每当他发脾气的时候就钉一根钉子在后院的围篱上。

第一天，这个男孩钉下了37根钉子。慢慢地，每天钉下钉子的数量减少了。他发现控制自己的脾气要比钉下那些钉子来得容易些。

终于有一天，这个男孩再也不会失去耐性乱发脾气了。他告诉他的父亲这件事，父亲告诉他，现在开始每当他能控制自己的脾气的时候，就拔出一根钉子。

一天天地过去了，最后男孩告诉他的父亲，他终于把所有钉子都拔出来了。

父亲握着他的手来到后院说："你做得很好，我的好孩子。但是看看那些围篱上的洞，这些围篱将永远不能恢复成从前的样子。你生气的时候说的话将像这些钉子一样留下疤痕。如果你拿刀子捅别人一刀，不管你说了多少次对不起，那个伤口将永远存在。话语的伤痛就像真实的伤痛一样令人无法承受。"

男孩通过钉钉子和拔钉子，学会了一堂重要的人生之课：学会宽厚

容人。

一个能够成就一番事业的人，一定是一个心胸开阔的人。人要成大事，就一定要有开阔的胸怀，只有养成了坦然面对、包容他人的习惯，才会在将来取得事业上的成功与辉煌。无论你一生中碰到如何不顺利的环境，遭遇到如何凄凉的境界，你仍然可以在你的举止之间，显示出你的包容、仁爱的心态，你的一生将受用无穷。

胸襟开阔的人，虽然没有雄厚的资产，但其在事业上的成功机会，较之那些虽有资产却缺乏吸引力和缺乏"人和"的人要多，因为他们不仅到处受人欢迎，而且能得到别人的帮助。

一个只肯为自己打算盘的人，会受人鄙弃。其实，你可以将自己化作一块磁石，来吸引你所愿意吸引的任何人到你的身旁——只要你能在日常生活中，处处表现出爱人与善意的精神。

举世都喜欢胸怀宽大的人。假使你打算多交些朋友，你一定要能宽宏大量。

应该常去说说别人的好话，常去注意别人的好处，不要把别人的坏处放在心上。

如果对别人常常吹毛求疵；对于别人行为上的失误，常常冷嘲热讽——你该留意，这样的人大多是危险的人物，这样的人往往不太可靠。

具有宽广的心胸的人，看出他人的好处比看出他人的坏处更快。反之，心胸狭隘的人，目光所及都是过失、缺陷，甚至罪恶。轻视与嫉妒他人的人，心胸是狭隘的、不健全的。这种人从来不会看到或承认别人的好处。而胸襟开阔的人，即使憎恨他人时也会竭力发现对方的长处，因为胸襟有多大，成就就有多大。

义青禅师尚未正式开示说法前，曾在法远禅师处求法。有一次，法远禅师听闻圆通禅师在邻县说法，便让义青禅师去圆通禅师那里求法。

义青禅师极不愿意，他认为圆通禅师并不高明，又不愿违逆法远禅师，便不情不愿地去了。但到了圆通禅师那里，义青禅师并不参问，只是贪睡。

执事僧看不过去，就告诉圆通禅师说："堂中有个僧人总是白天睡觉，应当按法规处理了。"

圆通禅师一向只听执事僧讲听者的虔诚，还不曾听说谁在堂上睡觉，便很惊讶地问："是谁?"

执事僧回答："义青上座。"

圆通禅师想了想，便说："这事你先不要管，待我去问一问。"

圆通带着拄杖走进了僧堂，果然看到义青正在睡觉。圆通禅师便敲击着义青禅师的禅床呵斥说："我这里可没有闲饭给以后只会睡大觉的上座吃。"

义青禅师却似刚睡醒般地问道："和尚叫我干什么?"

圆通禅师便问："为什么不参禅去?"

义青禅师回答："食物纵然美味，饱汉吃来不香。"

圆通禅师听出义青禅师话里的机锋，说："可是不赞成上座的有很多人。"

义青禅师则胸有成竹地回答："等到赞成了，还有什么用?"

圆通禅师听其言谈，知其来历一定不凡，就问："上座曾经见过什么人?"

义青禅师回答："法远禅师。"

圆通禅师笑道："难怪这样顽赖!"

随之，两人握手，相对而笑，再一同回方丈室。义青禅师因此而名声远扬。

圆通禅师能够让法远禅师敬重，并要求义青禅师前去听法，很可能就是因为圆通禅师的容人雅量。义青禅师在圆通禅师面前的自信，多少显示出对圆通禅师的轻视。圆通禅师在询问过程中不会没有察觉。倘若圆通禅师没有容人的雅量，不能对义青禅师的轻慢一笑置之，估计义青禅师是免不了被扫地出门的。但是幸运的是，义青禅师遇到的是能够容人的圆通禅师，圆通禅师不仅能够容忍他的轻慢之举，而且能够肯定他、抬举他，给他应有的地位。

有容乃大，忍者无敌。很多时候一个人之所以能够被人敬仰、受人尊敬，不在于他的能力有多高，相貌有多体面，知识有多渊博，而在于他有宽广的胸襟，能够容人之不能。这种人，不会因他人对自己的轻慢，而轻易对

他人进行简单的否定。

一个人度量的大小，固然与他的思想修养、道德水平、文化程度、社会经历乃至脾气性格都有关系，然而远大的理想抱负和广博的境界则是开阔胸襟的根本原因。

境界是可以后天修炼的，度量也是可以变化的，它随着社会经历的日渐丰富和生活环境、社会地位而变化。

西方近代天文学之父弟谷也曾是一个度量狭小的人。他念书时，因为在一个数学问题上与一个同学发生了争吵，最后竟与人决斗。在决斗中，弟谷的鼻子被对方的剑刃削掉，为了维护容貌，后来不得不装上个假鼻子。从这次遭遇中，他意识到度量狭小的害处，就开始改变自己处世的态度。后来，他无私地援助开普勒研究天文，并容忍了他的误解和无礼。开普勒后来回忆说：自己之所以发现行星运动的规律，完全得益于弟谷的大度和提挈。

俗话说："最大的是心，最小的也是心。"但有的人心胸狭窄，容不得他人强过自己，容不得他人轻视自己，这样就只会使自己局限于一隅，难以有所建树。而对于一个想有所作为的人而言，唯有宽大容物才能成就自己。胸襟宽广，就能够团结一切人，能够成就大事。正所谓有多大胸襟就有多大成就。

心灵悄悄话
XIN LING QIAO QIAO HUA >>>

度量在思想锻炼和修养培养的过程中也会不断发生变化。度量小的可能变得宽容大度，度量大的也可能变得小肚鸡肠。

你可以不信，但不必排斥

法国的启蒙思想家伏尔泰说："虽然我不同意你的观点，但我誓死捍卫你说话的权利。"这是西方人对尊重个体与尊重自由的呐喊。而在东方，讲究的是包容，是海纳百川，是泽被万物，是儒家这一主体思想对外来佛教的包容与融合。是接受彼此的差异化，求同存异，是和谐共处，因此这一文化之源流几千年不断绝。

星云大师谈到佛教传到中国时，颇有感慨地说道：中国和佛教始终是和谐的。佛教文化被悠久的中华文化所接纳，并且继续发扬光大，成为中国的佛教。佛教对得起中国，中国也不负佛教，正是两者之间相互的包容造就了这和谐的一切。接着，大师说了一句朴实却振聋发聩的话：你可以不信，但不必排斥。这不仅适用于对宗教的信仰，也适用于每个人为人处世，待人接物。做人需要求同存异。

在喜马拉雅山中有一种共命鸟。这种鸟只有一个身子，却有两个头。有一天，其中一个头在吃美果，另一个头则想饮清泉，由于清泉离美果的距离较远，而吃美果的头又不肯退让，于是想喝清泉的头十分愤怒，一气之下便说："好吧，你吃美果却不让我喝清泉，那么我就吃有毒的果子。"结果两个头都同归于尽。

还有一条蛇，它的头部和尾部都想走在前面，互相争执不下，于是尾巴说："头，你总在前面，这样不对，有时候应该让我走在前面。"头回答说："我总是走在前面，那是按照早有的规定做的，怎能让你走在前面？"两者争执不下，尾巴看到头走在前面，就生了气，卷在树上，不让头往前走，它趁着头放松的机会，立即离开树木走到前面，最后掉进火坑被烧死了。

包容——得饶人处且饶人

　　无论是两头鸟还是那条头尾相争的蛇，因为不知道求同存异这个道理，最终导致两败俱伤，受到伤害的终究还是自己。如果那只鸟的一个头能够先让另一只喝到水，再过去吃鲜果，那自己不也是没有什么损失吗？只是哪个先哪个后的问题。人有时候实际上和这两头鸟一样，不愿意让自己的利益受到一点点的损失，别人的一点要求也不能满足，所以到头来自己也是一无所获。

　　这世上的事物千差万别，人与人之间也存在着众多的差异，生活背景、生活方式、个性、价值观等的差异，让我们的相处也存在着或多或少的困难，无所谓希望或者失望、信任或者背叛，我们所能做的只能是相互尊重、相互包容、求同存异、真诚相对，而不必强求一致。

　　正是因为这种差异性的存在，在客观上便要求我们要做到"求同存异"，即在寻找相互之间相同的地方的同时，也要尊重相互之间客观存在的差异性，从而实现相互之间的合作。因此，要做到"求同存异"，"尊重"是基础，而且还需要有耐心、能包涵、心胸开阔。如果能将这一条与取长补短、开诚布公协调运用，那么，不仅双方能表达得更为舒畅，而且还能从中学到不少的新东西。

　　我们要逐渐学会求同存异，保留相同的利益要求，与人相处也要照顾别人的利益，在自己的利益与别人的利益之间求中间值，让自己的利益和别人的利益都得到实现。

　　寻找人与人之间的共同点往往是我们打造良好人际关系的开始，也是求同存异的前提条件，并且在共同点的基础之上相互尊重对方的差异性，因为能够包容他人才能被他人接纳，才能被更多的人接纳，只有这样才能与对方进行合作，并且最终取得双赢的局面。

　　《易经》的第二卦坤卦的开头有这样一句话："地势坤，君子以厚德载物。"这句话被国学大师张岱年先生认为是国学精华的一颗明珠。而今这句话被广为推崇，它的字面意思是：大地是宽广、包容万物的，君子就应当像大地一样，有厚重的道德能容忍他物。张岱年先生是这样解释这句话的：厚德载物是一种宽容的思想，对不同意见持一种宽容的态度，对中国的思想、学术、文化、社会的发展都起了很大的作用，宽容的态度在中国文化里面起了主导作用，是一种健康正确的思想。

的确如张岱年先生所说,五千年的中国历史其实就是一部宽容发展的历史。中华民族能够长盛不衰,中华文明能够历久弥新,就在于我们的民族精神里闪耀着宽容大度的光辉。从汉朝昭君出塞与呼韩邪单于和亲,到文成公主千里入西藏与松赞干布成婚,从唐太宗对俘获的东突厥首领颉利可汗宽容以待,成就万国来朝的盛世气象,到而今我国宽容日本侵华的累累恶行,呈现中国和善的国际形象……中华民族的历史无不闪耀着宽容的光芒。宽容大度的态度,一直是流淌在我们民族文化中的另一股血液。正是这股血液,成就了中华民族的博大精神,成就了华夏古国的永远年轻。正如张岱年先生所说,中国文化的特点之一就是宽容、博大。

世界发展到今天,很多国家、民族在地球上已经消失。而我们的祖国已经有五千多年的历史了,依然年轻而有活力,就是因为我们的文化是宽容的,我们的民族是宽容的,我们的思想是宽容的。可见,宽容有着多大的作用,对于国家、民族来说,宽容能使国家强盛、民族强大。对于个人来说,宽容能使一个人得到他人的信服和帮助,宽容能成就一个人伟大的理想。

服装界有名的商人马亮是一个善于与客人打交道的经营者,他的成功就和自己善于包容不同个性的人很大关系。

马亮刚入服装行业的时候,有一次他拿着样衣到一家小店,却无缘无故地被店主讥讽嘲笑了一通,说他的衣服只能堆在仓库里,再过10年也卖不出去。马亮并未反唇相讥,而是诚恳地请教,店主说得头头是道。马亮大惊之下,愿意高薪聘用这位怪人。没想到这人不仅不接受,还讽刺了马亮一顿。马亮没有放弃,运用各种方法打听,才知道这位店主居然是一位极其有名的服装设计师,只是因为他自诩天才、性情怪僻而与多位上司闹翻,一气之下发誓不再设计服装,改行做了小商人。

马亮弄清原委后,三番五次登门拜访,并且诚心请教。这位设计师仍然是火冒三丈、劈头盖脸地骂他,坚决不肯答应。马亮毫不气馁,常去看望他,经常和他聊天并给予热情的帮助。这位怪人到最后也很不好意思了,终于答应马亮,但是条件非常苛刻,其中包括他一旦不满意可以随意更改设计图案,允许设计师自由自在地上班等。果然,这位设计师虽然常顶撞马亮,让他下不了台,但其创造的效益很巨大,帮助马亮建立了一个庞大的

服装帝国。

从这个小故事中,我们可以看出宽容的巨大作用。你待人宽宏,你就能得到别人的感激和回报。如果你待人刻薄,不懂宽大为怀、宽能容人的道理,在生活中你就会孤立无援。这位设计师的脾气不可谓不怪异,甚至有点恃才傲物,但是马亮慧眼识金,懂得他的价值所在,对他的缺点和不足一一宽容,使他帮助自己走上了事业的成功之路。

"地势坤,君子以厚德载物",大地因为宽广,才容得下山川草木、森林河流。一个君子就应该从大自然的启发中,培养自己宽容的胸襟,牢记"厚德载物"这一国学精华的古训。在现实生活中,用自己的一举一动践行"君子以厚德载物"的人生信条。

心灵悄悄话
XIN LING QIAO QIAO HUA >>>

如果我们不懂得求同存异,那么,我们就很有可能在面临差异与分歧的时候相互争斗,最终使双方都受到巨大的伤害。在生活和工作中,我们也该本着"求同存异"的原则与他人相处。

回避恶性竞争，不抢同行盘中餐

虽然说没有竞争就没有进步，可是商场之中一旦竞争起来，就可能会为了争权夺利而不择手段，陷入恶性竞争当中。

胡雪岩创业之初很担心因为同行的恶性竞争而阻碍自己事业的发展，所以在他经营阜康钱庄的时候，就一再发表声明：自己的钱庄不会挤占信和钱庄的生意，而是会另辟新路，寻找新的市场。

这样一来，属于同一行业范畴的信和钱庄，不是多了一个竞争对手，而是多了一个合作伙伴。心中的顾虑消除了，信和钱庄自然很乐意支持阜康钱庄的发展。在后来的发展历程中，阜康钱庄遇到发展危机的时候，信和能够主动给予帮助，也是因为当初胡雪岩"不抢同行盘中餐"的正确性所在。

在阜康钱庄发展十分顺利的时候，胡雪岩插手了军火生意。这种生意利润很大，但是风险也大，要想吃这碗饭，没有靠山和智慧是不行的。胡雪岩凭借王有龄的关系，很快进入军火市场，也做成了几笔大生意。这样一来，胡雪岩在军火界的名声也就越来越响了。

一次，胡雪岩打听到了一个消息，说外商将引进一批精良的军火。消息一确定，胡雪岩马上行动起来了，他知道这将是一笔大生意，所以赶紧找外商商议。凭借胡雪岩高明的谈判手腕，他很快与外商达成了协议，把这笔军火生意谈成了。

可是，这笔生意做成不久，外面就有传言说胡雪岩不讲道义，抢了同行的生意。胡雪岩听后，赶紧确认。原来，在他还没有找外商谈军火一事之前，有一个同行已经抢先一步，以低于胡雪岩的价格买下了这批货，可是因为资金没有到位，还没来得及付款，就让胡雪岩以高价收购了。

　　弄清楚情况以后，胡雪岩赶紧找到那个同行，跟他解释说自己是因为不知道，所以才接手了这单生意的。他甚至主动提出，这批军火就算是从那个同行手中买下来的，其中的差价，胡雪岩愿意全额赔偿。那个同行感动不已，暗叹胡雪岩是个讲道义的人。

　　协商之后，胡雪岩做成了这单生意，同时也没有得罪那个同行，在同业中的声誉比以前更高了。这种通融的手腕让他消除了在商界发展的障碍，也成了他日后纵横商场的法宝。

　　在商场上，竞争尤为激烈。人们为了达成自己的目的，往往是万般手段皆上阵。有时候，为了挤走同行业的竞争者，甚至会出现价格大战、造谣中伤等情况。这样做，虽然受益的是顾客，但是如果因为竞争而造成了成本不足，导致产品的质量下降，直接受损失的还是顾客。

　　俗话说："同行是冤家。"但并不是说同行就必须要"打破脸，撕破皮"，互相看不上眼，老死不相往来。而是应该彼此给对方留一些发展空间，这样才能在危机到来的时候达成一致，共渡难关。

　　每个人的身上都有着属于自己的优点，商场中也是一样的。各家的经营手段不同，其中一定有好的一面可以让大家学习，能够看到对方的优点，回避对方在发展中的不足，这也是有利于大家共同发展的一种手段。

　　冷静面对竞争，不要让嫉妒冲昏头脑。同行业之中，存在着很多的竞争。为了自身的发展，常常会跟别人进行比较，看到别人发展得顺利，而自己却失意，心中自然会不舒服、产生怨恨。

　　为了寻找心理上的平衡，很多人会运用不正当的手段进行报复，甚至会在暗地里做一些不光明的事情，阻碍对方的发展。这样做，一次、两次，可能不会被人发觉，但是次数多了，自然逃不过别人的眼睛。心里不平衡而暗地里做小动作，阻碍自身和别人的发展，不如放宽心态，冷静处事，寻求双赢。

　　有一家公司，一个部门经理的位置空出来了，好多人都在竞争这个职位，其中以郭瑞和赵毅最有实力。虽然郭瑞更有能力，但是赵毅和老板是亲戚，所以最后由赵毅出任这个经理职位。大家都为郭瑞抱不平，但郭瑞

说赵毅还是有很多优点的,能力也不弱,带头向赵毅表示祝贺。郭瑞的这种大度,让赵毅很意外、很感动。在这一年的绩效考核中,郭瑞是部门中成绩最高的,并因此而获得了出国培训的机会。

郭瑞的能力要高出赵毅,如果他只顾眼前的利益而去与赵毅争这个职位,那么他也就不会获得后面出国培训的机会。可见放宽心态对待同行业的竞争,还能从中得到很多你意想不到的东西。因为学会妥协,会赢得共赢。

英国前首相丘吉尔曾说过:"世界上没有永远的敌人,也没有永远的朋友,只有永远的利益。"这句话如果引申到商业中,就是说利益是现代所有商业合作的根基。合作是为了从消费满溢的市场中分得一杯羹,从而达到双方都比较满意的效果。因此,双赢成为现代企业合作的最佳状态。

2004年12月8日上午9点,联想集团宣布以12.5亿美元收购IBM个人电脑事业部,收购的范围涵盖了IBM全球台式电脑和笔记本电脑的全部业务。这一为世人所瞩目的收购项目在经过13个月的并购谈判后终于画上了一个圆满的句号。

通过对IBM全球个人电脑业务的并购,联想的发展历程整整缩短了一代人,年收入从过去的30亿美元猛增到100亿美元,一跃成为世界第三大PC制造商。联想也因此成为我国率先进入世界500强行列的高科技制造业企业,并拥有IBM的"Think"品牌及相关专利、IBM深圳合资公司、位于日本和美国北卡罗来纳州的研发中心、遍及全球160个国家和地区的庞大分销系统和销售网络。

IBM在并购后的股价上涨了2%,并且在新联想中获得了18.9%的股权,成为仅次于联想控股的第二大股东。与此同时,IBM当时的副总裁兼个人系统部总经理史蒂芬·沃德还登上了新联想CEO的宝座,联想的前任CEO杨元庆则当上了新联想董事长。并购后的IBM终于摆脱了沉重包袱,将经营方向转为利润更为丰富的PC游戏操纵杆的微处理器的制造。对于企业来说,联想收购IBM个人电脑事业部的行为是一种双赢,而长达13个月的并购谈判更是双方相互妥协的结果。从并购金额的最终确定到新联

想总部的选址问题，无一不是双方相互妥协的结果，但最后均落在了双方的利益平衡点上。

每一个人都应该努力拼搏，争取一些对自己有用的东西，但是，努力争取并不代表蛮横抢夺，也不代表咬住不放，而是一种灵活掌握、进退自如的境界，因此，我们要善于妥协。对于生活在缤纷社会中的我们来说，学会适时妥协不仅不会影响到我们的既得利益，很多时候还会让我们的人格魅力得到更好的彰显，从而使双方都得到更多的利益，这就是双赢。小到一个人、一个企业，大到一个民族、一个国家，都应该学会在适当的时候善于妥协，这样的人，才是有谋略的人；这样的企业，才是能够长久发展的企业；这样的民族，才是聪明的民族；这样的国家，才是伟大的国家！

学会妥协就是要告诉我们：不一定要把问题搞得那么僵，各自退一步，也许就能海阔天空，商场跟战场一样，不战而胜为上。在商场上不要把弦绷得太紧，人要留有余地，要站得高，看得远。在很多情况下，你说是"让利"，实际不是，而是共同取得更大的利益，是双赢。

单赢不是赢，只有双赢才是真正的赢。"互利互惠"才能双赢，这是与竞争对手寻求共同利益的最好办法。学会妥协，收获友谊，维护尊严，获得尊重。当同别人发生矛盾并相持不下时，你就应该学会妥协。这并不表示你失去了应有的尊严，相反，你在化解矛盾的同时在别人心里埋下了你宽容与大度的种子，别人不仅会欣然接受，还会对你产生敬佩与尊重之情。让别人过得好，自己也能过得快乐。学会妥协，世界会因你而美丽！

心灵悄悄话
XIN LING QIAO QIAO HUA >>>

如果在你的工作团队中有一个能力很强的新人进入，你会有如何反应呢？你一定会有一种危机感，觉得自己随时都有被开除的危险。这个时候，如果你想着怎样把对方挤走，就大错特错了；相反，你要努力从对方身上吸取经验，弥补自身的不足，让他没有办法替代你，才是最好的保全自身的办法。

应该为公共利益做些什么

　　宇宙间的一切生命都相依相存，为了生存，所有人都在争取着自己的利益。但是，我们每个人似乎都更应该问一问自己：我为普遍利益做过些什么呢？

　　有时候我们会在心中把一支优美的乐曲分割成一个个音符，然后对着每一个声音自问：我是被它征服的吗？答案没有悬念，任何一个再美好的音符也很难刹那间触动人的心弦，而当所有音符跳跃的节奏与心灵合拍时，紧闭再久的心门也会霎时敞开，这就是音乐的神奇魔力。

　　人与人就像音符与音符一样，完美的融合才能带来完美的效果。若我们只顾着个人利益而忽视了整体的和谐，一串动听音乐中尖锐而突兀的声音又怎么能带来丝毫的美感？

　　曾经有一个戏剧爱好者，他不顾亲朋的反对，毅然选择一处并不热闹的地区，修建了一所超水准的剧院。

　　剧院开幕之后，非常受欢迎，并带动了周围的商机。附近的餐馆一家接一家地开设，百货商店和咖啡厅也纷纷跟进。

　　没有几年，剧院所在的地区便成为商业繁荣地带。

　　"看看我们的邻居，一小块地，盖栋楼就能出租那么多的钱，而你用这么大的地，却只有一点剧院收入，岂不是吃大亏了吗？"那人的妻子对丈夫抱怨，"我们何不将剧院改建为商业大厦，也做餐饮百货，分租出去，单单租金就比剧场的收入多几倍！"

　　那人也十分羡慕别人的收益，便贷得巨款，将自己的剧院改建成商业大楼。

　　不料楼还没有竣工，邻近的餐饮百货店纷纷迁走，更可怕的是房价下

跌,往日的繁华不见了。而当他与邻居相遇时,人们不但不像以前那样对他热情奉承,反而露出敌视的眼光。面对现实的境况,那人终于醒悟,是他的剧院为附近带来繁荣,也是繁荣改变了他的价值观,更由于他的改变,又使当地失去了繁荣。

世界上的事物都是互相联系、互为因果的,我们谁也不可能孤立存在,更不可能孤立干成一件事。人与人之间天生存在着一种合作关系,这本是最简单不过的道理,不过越是简单的道理,却越容易令人忽视,很多人就像是故事中的剧场主人一样,为了自己一时的利益而忽视了整体的普遍利益,最终反而会失去更多。因此找到你合适的合作伙伴,建立良好的合作关系。因为个人利益是在普遍利益得到保障的前提下实现的。

但是在合作的过程中还需要了解他人、包容他人。每个人都有自己的优缺点,在与人合作的过程中,你不可能只与他人的优点合作,当与他人的缺点发生冲撞时,你唯一能做的就是包容。

有一天,沙漠与海洋谈判。

"我太干,干得连一条小溪都没有,而你却有那么多水,变成汪洋一片。"沙漠建议,"不如我们做个交换吧。"

"好啊,"海洋欣然同意,"我欢迎沙漠来填补海洋,但是我已经有沙滩了,所以只要土,不要沙。"

"我也欢迎海洋来滋润沙漠,"沙漠说,"可是盐太咸了,所以只要水,不要盐。"

我们想得到一种东西,必须容忍其他一些东西也跟过来。

有两个戏剧学院的学生,毕业后一起进入演艺圈,他们都很有才华,在学校的时候就显得与众不同,两人虽然彼此惺惺相惜,却也因好强而暗中较量。

虽然两人同时毕业于戏剧学院,但一位是导演系的,一位是表演系的,因此入行后,一位当导演,一位做演员。

经过一段时间的努力，两人在工作岗位上都表现得很出色。有一次，刚好有部电影可以让他俩合作，基于两人是要好的同学，而且心里对彼此的才能和需求都非常了解，所以他们爽快地答应一起合作。

导演对于演员一向要求比较严格，所以在拍戏的过程之中，虽然是自己的同学也毫不客气地加以指责。而已经是名演员的老同学也有自己的见解和个性，所以片场的火药味总是很浓。

有一天，导演因为几个镜头一直拍不好，不禁怒火中烧，对着自己的老同学大发脾气，一句重话马上脱口而出："我从来没见过这么烂的演员！"

名演员一听，愣了许久。他走到休息室，不肯出来继续拍戏。

"一个篱笆三个桩，一个好汉三个帮。"一个人在社会生活中，不可能永远孤军打天下，总会有与别人携手合作的时候。事实上，我们几乎每天都会碰到许多必须与别人合作才能完成的事情，学会与别人愉快而有效地合作，无疑将会给你的生活和学习带来高效率和愉悦的心情。因此，可以说合作关系是人际关系的另一面镜子。

与别人合作关系差的人，其人际关系往往也很差。因此，从合作关系之中，我们可以建立良好的人际关系；从人际关系之中，我们可以巩固彼此的合作关系，这是互动的。

学会与别人合作有很多的技巧，不是说你仅有一颗真诚的心就可以了。要与人合作必须了解别人，只有了解别人，才谈得上合作，只有对别人有了充分的了解，才能扬其长、避其短，使其有信心与你共事，请相信你的合作者。

合作伙伴就得统一战线，齐心协力才能打败你的对手。轻易怀疑你的合作伙伴等于是自挖阵脚，不战自溃。

灰兔在山坡上玩，发现狼、豺、狐狸鬼鬼祟祟地向自己走来，便急忙钻到自己的洞穴中避难。灰兔的洞一共有三个不同方向的出口，为的是在情况危急时能从安全的洞口逃离。今天，狼、豺、狐狸联合起来对付灰兔，它们各自把守一个出口，把灰兔围困在洞穴中。

狼用它那沙哑的嗓子，对着洞中喊道："灰兔你听着，三个出口我们都

把守着，你逃不了啦，还是自己走出来吧。不然我们就要用烟熏了，还要把水灌进去！"

灰兔想，这样一直困在洞里也不是个办法，如果它们真的用烟熏、用水灌，情况就更加不妙。忽然，灰兔灵机一动，想出了一个妙计。它来到狐狸把守的洞口，对着洞外拼命地尖叫，就像被抓住后发出的绝望惨叫声。

狼和豺听到灰兔的尖叫声，以为灰兔被狐狸抓住了。它们担心狐狸抓到灰兔后独自享用，不约而同地飞奔到狐狸那里，想向狐狸要回属于自己的那份。聚到一起后，狼、豺、狐狸忽然意识到灰兔可能是用声东击西之计时，急忙又回到各自把守的洞口继续把守。它们哪里知道，灰兔趁刚才狼到狐狸那里去的时候，早已飞奔出来，躲到了安全的地方。

灰兔把自己脱险的经过告诉了刺猬，刺猬说："你真聪明，你是怎么想出这个妙计来的呢？"灰兔说："因为我知道，狼、豺、狐狸虽然结伙前来对付我，但它们都有贪婪的本性，互不信任，各怀鬼胎，我正是利用了这一点。"

没有信任的团队，是无法形成强大的向心力和凝聚力的，在竞争中，他们总会被对手找到漏洞，各个击破，最后落得失败的下场。

如果你相信别人，别人也会相信你。你以什么样的态度或方式对待别人，别人也会以什么样的态度或方式来对待你。

信任是合作的基础，而相互合作的人就像战场上同一战壕的战友，你要相信你的"战友"。

没有信赖做基础，每个人都会试图保护自己眼前的利益，但是这么做会对长期的利益造成损害。信赖是一种开放的格局，是人与人之间最最重要的情谊，人们最值得骄傲的就是自己可以得到别人的信任，自己的所作所为能够无愧于心，并与人坦诚地沟通。去信任我们的"战友"，同时也让自己成为值得信任的人。

其实，了解别人也是一种能力，而不仅仅是一种态度。在很多情况下，我们都是感情用事，不够理智，不懂得换位思考，这为我们带来了许多麻烦，所以我们每个人都应该以一颗包容的心，忍受别人不合理的行为，学会去欣赏并接受不同的生活方式、文化等。能和不喜欢的人相处合作是成大事者的一种境界。因为能够与不喜欢的人相处合作，才会在将来赢得更多

的机会。

世界是个大家庭，许多事情不能仅靠一个人的能力去完成。能和不喜欢的人多相处，才有可能在将来顺利合作。

学会和不喜欢的人合作办事，是一种技巧，更是一种智慧。人往往喜欢与自己志趣、脾气相投的人接近，同样也就远远地躲开那些自己不喜欢、不愿意打交道的人。然而，生活中没有那么多的顺心顺意，也不可能有那么多人都能够与自己脾气相投。由于各种各样的原因，我们经常要与自己不喜欢的人，甚至是与自己敌对的人打交道，这就需要你抛开一时的成见，具有长远的见地，用真诚的态度对待每一个人，包括你不喜欢的人。

哈蒙曾被誉为全世界最伟大的矿产工程师，他从著名的耶鲁大学毕业后，又在德国佛来堡攻读了3年。毕业回国后他去找美国西部矿业主哈斯托。哈斯托是个脾气执拗、注重实践的人，他不太信任那些文质彬彬的专讲理论的矿务工程技术人员。

当哈蒙向哈斯托求职时，哈斯托说："我不喜欢你的理由就是因为你在佛来堡做过研究，我想你的脑子里一定装满了一大堆傻子一样的理论。因此，我不打算聘用你。"

于是，哈蒙假装胆怯，对哈斯托说道："如果你不告诉我的父亲，我将告诉你一句实话。"哈斯托表示他可以守约。哈蒙便说道："其实在佛来堡时，我一点学问也没有学回来，我尽顾着实地工作，多挣点钱，多积累点实际经验了。"

哈斯托立即哈哈大笑，连忙说："好！这很好！我就需要你这样的人，那么，你明天就来上班吧！"

聪明的人在与不喜欢的人相处时，或是在面对不同意见时，会聪明地做些"小让步"。每当一个争执发生的时候，他们总是会想：关于这一点能否做一些让步而不损害大局呢？因此，无论在什么时候，与不喜欢的人相处合作，应付别人反对唯一的好方法，就是在小的地方让步，以保证在大的方面取胜。

让步并不代表妥协，而是为了赢取更大的胜利。会做人的人，也会在

各种情况下与不喜欢或者不相投的人平和地相处。这就是一种眼光长远的睿智。世界如此之大，而联系却异常紧密，谁能保证与对方没有合作的可能？

心灵悄悄话
XIN LING QIAO QIAO HUA >>>

成功的人大多都有与人合作的精神，因为他们知道个人的力量是有限的。只有依靠大家的智慧和力量才能办成大事。合作可加速成功，合作可以帮人渡过困境。所以，凡事不要太计较，当你为大家的普遍利益付出了自己的心血时，就一定会得到回馈。

第七篇 >>>
包容有方,忍让有度

　　宽容不是纵容,不要让有错误的人得寸进尺,把错误当成理所当然的权利,继续侵占原本属于你的空间。挑明应遵守的原则,柔中带刚,思圆行方,既可以宽容错误的行为,又能改正他的错误。

　　做人应理让三分,点到为止,仍旧坚守那份真诚,行真正包容之道,却不再去苦苦与那小小的不友善纠缠不休,把爱留给那些值得爱的人,把善良回报给同样善良的人。忍耐是一种智慧,但一味地忍让真就成了一种懦弱,凡事都有一个度,把握好这个度,才是正确的处世之道。

做人要有自己的原则

一个人没有了做人的原则，也就没有了衡量自己对与错的尺度。如果自己都不知道哪些事该做，哪些事不该做，那么，就很容易走入歧途，甚至犯错。一旦你找到自己做人做事的原则，你就找到了自己的看法，懂得怎样正确处理每一件事情，同时还能养成良好的品质，这样的你，走到哪里都会受人欢迎，大家会说你是一个有原则的人。

过去十多年了，约克还是忘不了1995年的圣诞夜，那天晚上，约克刚参加了大学同学组织的圣诞晚会。晚会结束时，将近凌晨了，在这种时候，谁不想早点儿到家呢？约克走得飞快，只差跑起来了。

刚走到路口，红绿灯就变了。对着约克的行人灯转成了"止步"：灯里那个小小的影儿从绿色的、大步走路的形象变成了红色的、双臂悬垂的立正形象。

这个时候，约克看没什么车辆，就毫不犹豫地过马路……

"站住！"身后传来一个苍老的声音，打破了沉寂的黑暗。约克的心突然一惊，原来是一对老夫妻。

约克转过身，惭愧地望着那对老人。

老先生说："现在是红灯，不能走，要等绿灯亮了才能走。"约克的脸热了起来。他喃喃地说："对不起，我看现在没车……"

老先生说："交通规则就是原则，不是看有没有车。任何情况下，任何人都必须遵守原则！"从那一刻起，约克再也没有闯过红灯，他也一直记着老先生的话："在任何情况下，都必须遵守原则！"

生活中，原则与规则一样重要，没有任何人在任何情况下，可以破坏

它,否则就将受到惩罚。

作为交通规则,它的重要性越来越被人们关注。平时,老师在课堂上会给我们讲,父母在家里会给我们说,上学、放学的路上他们会一遍遍地叮嘱我们:过马路的时候一定要走人行横道,红灯亮时我们要停住脚步,黄灯亮时我们要耐心等待,绿灯亮时我们才可以走,等等,如果不遵守这些规则,就会遇到各种危险。

对某一些坏人我们要学鲁迅的"痛打落水狗",不留隐患。对坏人要看清其本质,不姑息迁就。

隋大业十三年(617年),盘踞在洛阳的王世充与李密对峙。此前,王世充在兴洛仓战役中几乎被李密打得全军覆没,几乎不敢再与他交锋了。

不过,王世充很快重整旗鼓,准备与李密再决胜负。现在还有一个问题令他发愁,那就是粮食。洛阳外围的粮仓都已被李密控制,城内的粮食供应一直显得非常紧张。他的部队也不例外,因为常常填不饱肚子,每天都有人偷偷跑到李密那边去。王世充很清楚,如果粮食问题不能得到及时的解决,他想留住士兵们的一切努力终归是徒劳,更甭提什么战胜李密。

在既无实力夺粮,又不可能从对手那里借粮的情况下,王世充想到了一个好主意:用李密目前最紧缺的东西去换取他的粮食。

王世充派人过去实地了解,回报说李密的士兵大都为衣服单薄而头痛。这就好办了!王世充欣喜若狂,当即向李密提出以衣易粮。李密起初不肯,无奈邴元真等人各求私利,老是在他耳边聒噪,说什么衣服太少会严重影响军心的安定,等等,李密不得已,只好答应下来。

王世充换来了粮食,部队的局面得到了根本的改观,士气进一步大振,尤其士兵叛逃至李密部的现象日益减少。李密也很快察觉了这一问题,连忙下令停止交易,但为时已晚,李密无形中已替王世充养了一支精兵,也就是为他自己的前景徒然增添了许多难以预想的麻烦。

后来,恢复生机的王世充大败李密。这时,李密才后悔莫及,当初没有"痛打落水狗"才让自己遭此命运。

李密在形势有利的情况下输给了王世充,从此一蹶不振;熊文灿过于

包容有方，忍让有度

第七篇

轻信张献忠，把到手的胜利给丢掉了，究其原因都是没有拿出"痛打落水狗"的精神来，心慈手软，给对手以喘息之机。这对后人来说，实在是深刻的历史教训，应以此为鉴，把握善良的分寸，认准的落水狗要打到底。

善良是一种良好的心态，而不是盲目地去为别人做多少好事。当我们为自己的朋友以不公平的方式谋取了一个位置时，我们可能面对的是永远失去威信以及别人的尊重；当我们因为是熟人，而原谅了对方的错误时，那么，面临的可能后果是所有人都会对你犯错误而理由充分地回击你……至此之后的生活，一团乱麻。所以，做人不该因为善良而失去原则性，公私分明、客观公正、通情达理才是该做的。

珠海格力电器股份有限公司总裁董明珠就是一个为了原则可以"六亲不认"的人。

1994年底，董明珠在企业危难之际，受命出任格力经营部部长。不久，她就做出了一个超越常理的决定：去找洪总经理要财权。客户究竟在公司账上有没有钱、有多少钱，只有财务部才清楚。一些客户打了货款到格力却拿不到货，而一些客户没钱却拿到了货。有时经营部要发货了，开票员问这人有没有打钱过来，财务那边总是说："我们也不清楚，要查账才知道。"这样，无论经营部如何负责，只要财务部不配合，都是事倍功半，难以使经营部的工作正常运转。长此下去，只怕又要重蹈格力以前的管理现状，职责不清，工作混乱。这是董明珠绝对难以容忍的。

洪总经理经过考虑，划出财务部的一部分归董明珠管。机会来之不易，董明珠慎重对待，她和有关同事一起建立了一套循环监督机制：计划受财务监督；财务受开票员监督；开票员受电脑统管监督；电脑统管受计划监督。

制度建立之后，关键就看能不能真正实行了。很多企业都有非常完美的规章制度，但就是在执行的过程中不能坚守原则，太会变通，以至于虽然很多企业都确立了一个清晰的愿景，但却总是事与愿违，无法实现。而大家都知道董明珠是一个坚守原则的人，所以当她强调"任何人不得有任何理由破坏以上机制"的时候，了解她的人都明白，谁敢破坏这个制度，谁就要倒霉了。很快，一个合理的网络便形成了：财务说有钱才能发货，发货后

·201·

开票员记账,开票单再输入电脑。这样,财务往来多少钱都可以清清楚楚地反映在账上,每天都可以从账上看到有多少钱,发了多少货。这样一来,董明珠随时都可以掌握格力的销售情况,任何业务员、经销商都不能再像以前一样钻空子了。在这个过程中,董明珠要求:经营部无论多晚都要当天清账,绝不能让当天的账过夜。一段时间以后,经营部的同事们就养成了习惯,当天的工作没完成,不管多晚都不会回家。

据董明珠介绍,自1995年5月以后,财务就再也没出现过混乱,也再没有应收款收不上来的现象。

在拖欠货款成风的今天,董明珠创造了一个"奇迹"。然而,就像董明珠所说,她能够创造这个"奇迹",原因其实很简单:不交钱不发货,只要认真坚持下来,就不会有什么拖欠。正因为她坚守原则,所有人一视同仁,所以这些措施才能够很好地贯彻落实。善良不是错,但是如果因为善良而失去了原则,那么,这种善良就是一种错。

心灵悄悄话
XIN LING QIAO QIAO HUA >>>

一个没有原则的人就像一艘没有舵和罗盘的船,漫无目的地漂浮在海上,它会随着风向的变化而随时改变自己的方向,没有一个自己的方向,这样的人往往最容易丢失自己。所以包容可不是姑息迁就。

不要一味地忍让

我们提倡的宽容，是指在一些非原则问题上不要斤斤计较，睚眦必报。在涉及全局和整体利益的问题上要坚持原则，严于律己，要避免打着宽容的幌子做老好人，而损害全局或整体的利益。

在武则天统治时期，有个丞相叫娄师德，史书上说他"宽淳清慎，犯而不校"。意思是：处世谨慎，待人宽厚，对触犯自己的人从不计较。

他弟弟出任代州刺史时，娄师德嘱咐说："我们弟兄受到的恩宠太多了，这是要遭人嫉恨的。你想过没有，怎样才能保全自己？"弟弟回答说："以后，有人朝我脸上吐唾沫，我擦干就是了，你尽管放心吧！"

娄师德忧虑地说："我不放心的就是这点！人家唾你脸，是生你的气，你把唾沫擦掉，岂不是顶撞他？这只能使他更火。怎么办？人家唾你，要笑眯眯地接受。唾在脸上的唾沫，不要擦掉，让它自己干！"

在封建社会，娄师德这种"唾面不拭"的做法，一直被传为美谈。然而，我们今天看来，这种不辨是非、不讲原则的一味忍让、屈从，以求保全自己的做法，并不是真正的宽容，是要不得的。这是因为，不加分析地对一切凌辱、欺压统统忍受、退让、委曲求全，不仅是十足的自轻自贱，甚或是奴颜婢膝，而且只能起到纵容邪恶势力、助长恶风邪气的作用。这样的"委曲求全"实质上与"姑息养奸"没有多大差别。

我们提倡的宽容，是指在一些非原则问题上不要斤斤计较，睚眦必报。在涉及全局和整体利益的问题上要坚持原则，严于律己，要避免打着宽容的幌子做老好人，而损害全局或整体的利益。

另外，胸襟开阔并非等于无限度地容忍，包容并不等于对已构成危害

的犯罪行为加以接受或姑息。但对于个人而言,宽容往往会使人有更好的人际关系,自己在心理上也会减少仇恨和不健康的情感;对于一个群体而言,胸襟开阔,无疑是一种创造和谐气氛的调节剂。因此,宽容是建立良好的人际关系的一大法宝,以德服人是形成凝聚力的重要武器。

只有用"德"去治人,治你的事业和天下,你才会信心百倍地走向成功,同时你的完美个性才能得到体现。宽容是能够让人品德高尚的好习惯。我们应该培养这个习惯,从现在开始,用宽容、豁达主宰我们的品行,开创我们事业的美好前途。

胸襟开阔,是人生的奥秘。但胸襟开阔不是无原则地容忍、退让,胸襟开阔是一种超脱,是自我精神的解放,宽容要有点豪气。如果忍让搬弄是非者既害人也害己。

有句俗语曾说"有人群的地方就有是非",的确如此,没有人人前不说话,没有人背后不说人。但是,开口说话也要有分寸,不能信口雌黄,不能够搬弄是非。

有一个国王,他十分残暴而又刚愎自用。但他的宰相却是一个十分聪明、善良的人。国王有个理发师,常在国王面前搬弄是非,为此,宰相严厉地责备了他。从那以后,理发师便对宰相怀恨在心。

一天,理发师对国王说:"尊敬的大王,请您给我几天假和一些钱,我想去天堂看望我的父母。"

昏庸的国王很是惊奇,便同意了,并让理发师代他向自己的父母问好。

理发师选好日子,举行了仪式,跳进了一条河里,然后又偷偷爬上了对岸。过了几天,他趁许多人在河里洗澡的时候,探出头,说自己刚从天堂回来。

国王立即召见理发师,并问自己父母的情况。理发师谎报说:

"尊敬的国王,先王夫妇在天堂生活得很好,可再过十天,就要被赶下地狱了,因为他们丢失了自己生前的行善簿,所以要宰相亲自去详细汇报一下。为了很快到达天堂,应该让宰相乘火路去,这样先王就可以免去地狱之灾。"

国王听完后,立即召见了宰相,让他去一趟天堂。

宰相听了这些胡言乱语,便知道是理发师在捣鬼。可又不好拒绝国王的命令,心想:"我一定要想办法活下来,要惩罚这个奸诈的理发师。"

第二天凌晨,宰相按照国王的吩咐,跳入一个火坑中,然后国王命人架上柴火,浇上油,然后点燃了,顿时火光冲天。全城百姓皆为失去了正直的宰相而叹息,那个理发师也以为仇人已死,不免洋洋得意起来。

其实,宰相安然无恙,原来他早就派人在火坑旁挖了通道,他顺着通道回到了家中。

一个月后,宰相穿着一身新衣,故意留着一脸胡子和长发,从那个火坑中走了出来,径直走向王宫。

国王听见宰相回来了,赶紧出来迎接。宰相对国王说:

"大王,先王和太后现在没有别的什么灾难,只有一件事使先王不安,就是他的胡须已经长得拖到脚背上了,先王叫你派个老理发师去。上次那个理发师没有跟先王告别,就私自逃回来了。对了,现在水路不通了,谁也不能从水路上天堂去。"

第二天,国王让理发师躺在市中心的广场上,周围架起干柴,然后命人点上了火。顿时,理发师被烧得鬼哭狼嚎似的乱叫。这个搬弄是非的家伙终于得到了应有的惩罚。

理发师肯定没有想到,杀死自己的不是利剑,而是自己的"舌头"。

与人相处,以诚为重,当那些心术不正、好搬弄是非的人,欲置你于死地而惬意时,你的忍让就没有任何意义了。这时,你不妨"以其人之道,还治其人之身",让他也尝一尝你的"舌头"的厉害。

但是,不到万不得已,千万还是要以宽容之心包容他人之过。但与此同时,你一定要端正自己的品行,不要搬弄是非,不要恶意地中伤他人,因为搬弄是非者,或帮助他人搬弄是非往往都没有好下场!智慧地忍辱是有所不忍的。

圣严法师承认忍辱在佛教修行中非常重要,佛法倡导每个修行者不仅要为个人忍,还要为众生忍。但是,我们平生大众的"忍辱"应该是有智慧地忍。

第一,有智慧地"忍辱"须是发自内心的。

有位青年脾气很暴躁，经常和别人打架，大家都不喜欢他。

有一天，这位青年无意中游荡到了大德寺，碰巧听到一位禅师在说法。他听完后发誓痛改前非，于是对禅师说："师父，我以后再也不跟人家打架了，免得人见人烦，就算是别人朝我脸上吐口水，我也只是忍耐地擦去，默默地承受！"

禅师听了青年的话，笑着说："哎，何必呢？就让口水自己干了吧，何必擦掉呢？"

青年听后，有些惊讶，于是问禅师："那怎么可能呢？为什么要这样忍受呢？"

禅师说："这没有什么不能忍受的，你就把它当作蚊虫之类地停在脸上，不值得与它打架，虽然被吐了口水，但并不是什么侮辱，就微笑地接受吧！"

青年又问："如果对方不是吐口水，而是用拳头打过来，那可怎么办呢？"

禅师回答："这不一样吗！不要太在意！这只不过一拳而已。"

青年听了，认为禅师实在是岂有此理，终于忍耐不住，忽然举起拳头，向禅师的头上打去，并问："和尚，现在怎么办？"

禅师非常关切地说："我的头硬得像石头，并没有什么感觉，但是你的手大概打痛了吧？"青年愣在那里，实在无话可说，火气消了，心有大悟。

禅师告诉青年"忍辱"的方式，并身体力行，他之所以能够坦然接受青年的无理取闹，正是因为他心中无一辱，所以青年的怒火伤不到他半根毫毛。在禅宗中，这叫作无相忍辱。这位禅师的忍辱是自愿的，他想通过这种方式感化青年，并且取得了效果。生活中还有些人，面对羞辱时虽然忍住了嗔火或抱怨，但内心却因此懊恼、悔恨，这种情况就不能称为"有智慧地忍辱"了。

第二，圣严法师提倡的"有智慧地忍辱"应该是趋利避害的。

所谓的"利"，应该是他人的利、大众的利，"害"也是对他人的害、对大众的害。故事中禅师的做法是圣严法师提倡的忍辱，在这个过程中，法师虽然挨了青年一拳，但青年因此受到了感化。对于禅师来说，虽然于自己

无益，但对他人有益，所以这样的忍辱是有价值的；如果说对双方都无损且有益的话，就更应该忍耐一下了。但也存在一种情况，忍耐可能对双方都有害而无益。

所以，一旦出现这种情况，不仅不能忍耐，还需要设法避免或转化它。圣严法师举了这样的例子：一个人如果明知道对方是疯狗、魔头，见人就咬、逢人就杀，就不能默默忍受了，必须设法制止可能会出现的不幸。这既是对他人、众生的慈悲，也是对对方的慈悲，因为"对方已经不幸，切莫让他再制造更多的不幸"。

智者的"忍"更需遵循圣严法师的教导，有所忍有所不忍，为他人忍，有原则地忍。

心灵悄悄话
XIN LING QIAO QIAO HUA >>>

一个真正正直善良的人应该是一个有原则的人，无论善与恶，是与非，都是清清楚楚的，而且忍让是有度的，否则，把握不好善的尺寸，将与懦夫等同，把握不好宽容的尺寸，将与恶人等同。

沉默有时是一种自我伤害

"沉默是金"被很多人所认同,认为有些事情无须过多解释,时间终会让真相大白的,但是很多时候,如果不及时地解决这些问题的话,就会给我们造成巨大的物质上的损失,以及长时间精神上的折磨,甚至让我们因此丧失生命。

在一个治安状况很差的城市中,一位检察官正直、勇敢、不屈不挠地与恶势力斗争,因而引起了当地许多暴力团伙的刻骨仇恨,一再威胁、恐吓、骚扰,但检察官毫不动摇。不料,一家很有影响的报社突然报道了他与女职员的亲密关系,还配发了两人在一起走路、交谈的照片,文中对他的评价是"伪君子、无耻之徒"。其实那不过是一次公务会面,而检察官对此也不想理会。

岂料,这样的谣言越来越多,检察官的生活陷入一片混乱,甚至家人也不再信任他。当他得知自己将接受一次关于受贿指控的调查时,他的精神终于崩溃了。他选择了死亡,用血的惊叹号来证明自己的清白。在他的遗书中,他写道:"现在我知道,名誉比生命价值更高。在我被彻底玷污之前,我必须离开……"

一个坚强的硬汉,败在了捕风捉影的谣言下。他深知暴力手段不仅无法损害他的名誉,还会为他增添光彩;而只要一点点谣言,就能在他的名誉上制造一个污点,失去人们信任的他只会走向毁灭。

生命中难免会遭遇各种各样的误会,甚至是别人的诋毁,如果我们此时还坚持"清者自清"的古训,那么,受伤害的只能是自己。沉默并不是最佳的选择,只有站出来,采用适当的方式澄清自己,才可能消除谣言和不良

影响，维护自己的名誉。

台湾产的"玛莉药皂"本来是销路很好的商品，但由于一度传说由美国进口的药皂中某种物质含量过大，有害人体，于是它的销量一下子萎缩了2/3。制皂公司在检测产品没有问题之后，决心挽回信誉。

他们在台湾的主要报刊上同时刊出一则《玛莉征求受害人》的广告。说凡是因使用"玛莉药皂"有不良反应的，经医院证明，且复查属实，就可以得到50万新台币以上的赔偿。但要求受害者10天之内将有关证明直接寄到律师事务所。3天以后，他们又刊出这则广告，印出"截至目前，无应征受害人"。

又过3天，广告再次出现，说"应征受害人有两个"，然后说明其中一个没有医院的证明，不受理，而另一个在复查中。再过3天，广告第三次出现，题目为《谁是受害人》，说那个受害人经复查，皮肤红疹为吃海鲜所致，受害人自行撤诉，并申明，一过10天期限，就不再受理此类案子。

等到超过10天期限后，他们马上登出整版广告，标题为《我是受害人》，说自己才是最无辜的受害者，因为寻遍世界各地，并无"玛莉药皂"致病先例！广告上设计了一副手铐铐着"玛莉药皂"。这则广告一做，果然引起轰动，轰动之余便是"玛莉药皂"的销售量回升。

值得说明的是，广告中有两个应征受害人是公司虚构的，属于做"假戏"，然而也正是这"假戏"取得了吸引顾客瞩目的效果。

如果"玛莉药皂"的厂商对于谣言采取不予理睬的态度，认为时间会证明一切，那么"玛莉药皂"的销量一定还会受到影响，因为一旦有了坏的影响，人们一般就会采取宁可信其有不可信其无的态度。销售量长期受到影响，导致的则是企业的生存危机，如果企业都倒闭了，还谈什么"清者自清"，所以时间上根本不容许真相的证明。

因此如果遭到误会或者诽谤，就需要通过正确的方式消除误会和影响，以减少损失和伤害。因此在你真的忍无可忍时，就不要再做沉默的羔羊。

俄国著名作家契诃夫的一篇文章就足以说明这一点。

一天，史密斯把孩子的家庭教师尤丽娅·瓦西里耶夫娜请到他的办公室来，需要结算一下工钱。

史密斯对她说："请坐，尤丽娅·瓦西里耶夫娜！让我们算算工钱吧。你也许要用钱，你太拘泥于礼节，自己是不肯开口的……呶……我们和你讲妥，每月30卢布……"

"40卢布……"

"不，30……我这里有记载，我一向按50卢布付教师的工资的……呶，你待了两个月……"

"两个月零5天……"

"整两月……我这里是这样记的。这就是说，应付你60卢布……扣除9个星期日……实际上星期日你是不和柯里雅搞学习的，只不过游玩……还有3个节日……"

尤丽娅·瓦西里耶夫娜骤然涨红了脸，牵动着衣襟，但一语不发。

"3个节日一并扣除，应扣12卢布……柯里雅有病4天没学习……你只和瓦里雅一人学习……你牙痛5天，我内人准你午饭后歇假……12加7得19，扣除……还剩……嗯……41卢布。对吧？"

尤丽娅·瓦西里耶夫娜两眼发红，下巴在颤抖。她神经质地咳嗽起来，擤了擤鼻涕，但一语不发。

"新年底，你打碎一个带底碟的配套茶杯，扣除2卢布……按理茶杯的价钱还高，它是传家之宝……我们的财产到处丢失！而后，由于你的疏忽，柯里雅爬树撕破礼服……扣除10卢布……女仆盗走瓦里雅皮鞋一双，也是由于你玩忽职守，你应负一切责任，你是拿工资的嘛，所以，也就是说，再扣除5卢布……1月9日你从我这里支取了9卢布……"

"我没支过……"尤丽娅·瓦西里耶夫娜嗫嚅着。

"可我这里有记载！"

"呶……那就算这样，也行。"

"41减26净得15。"

尤丽娅两眼充满泪水，长而修美的小鼻子渗着汗珠，多么令人怜悯的小姑娘啊！

她用颤抖的声音说道："有一次我只从您夫人那里支取了5卢布……

再没支过……"

"是吗？这么说，我这里漏记了！从 15 卢布再扣除……喏，这是你的钱，最可爱的姑娘，3 卢布……3 卢布……又 3 卢布……1 卢布再加 1 卢布……请收下吧！"史密斯把 12 卢布递给了她，她接过去，喃喃地说："谢谢。"

史密斯一跃而起，开始在屋内踱来踱去。"为什么说'谢谢'？"史密斯问。

"为了给钱……"

"可是我洗劫了你，鬼晓得，这是抢劫！实际上我偷了你的钱！为什么还说'谢谢'？……"

"在别处，根本一文不给。"

"不给？怪啦！我和你开玩笑，对你的教训是太残酷……我要把你应得的 80 卢布如数付给你！喏，事先已给你装好在信封里了！你为什么不抗议？为什么沉默不语？难道生在这个世界口笨嘴拙行吗？难道可以这样软弱吗？"

史密斯请她对自己刚才所开的玩笑给予宽恕，接着把使她大为惊异的 80 卢布递给了她。她羞羞地过了一下数，就走出去了……

对于文中女主人公的遭遇，我们能用什么词汇来形容呢？懦弱、可怜、胆小？就像鲁迅先生说的："哀其不幸，怒其不争。"生活中，如果我们无端地被单位扣了工资，我们的反应又是怎样的呢？

人活着就要学会捍卫自己的利益，该是你的你无须忍让。除了抛弃这种"受气包"的心态，还要从心理上认同，有时"斤斤计较"并不丢脸。

心灵悄悄话
XIN LING QIAO QIAO HUA >>>

在社会上，有些人总是本本分分、规规矩矩，他们在工作中任劳任怨，在生活中洁身自好，各个方面都达到了社会规范的基本要求。然而，他们总是吃亏，就算是被人欺负了，遭受了不公正的待遇还是忍气吞声，就像一只"沉默的羔羊"，他们这种逆来顺受的性格只会导致别人的再次侵害。

百忍成金，不泄一时之恨

一位先哲曾说过："人如果没有忍让之心，生命就会被无休止的报复和仇恨所支配。"因此，在生活中，我们一定要学会忍让，因为忍让是让我们获得心灵平静的法宝，也是做人的需要。

在社会上，我们难免与别人产生摩擦、误会，甚至仇恨，但只要在自己的仇恨袋里装上忍让，那就会少一分烦恼，多一分快乐。

忍让说起来简单，可做起来并不容易。因为任何忍让都是要付出代价的，甚至是痛苦的代价。

森林里，狗熊突然闯进了小蜜蜂的家。它趁小蜜蜂们都外出采花粉时，偷吃了一大桶蜂蜜后，溜回了自己的家。

小蜜蜂们回家后，见辛辛苦苦酿的蜜被狗熊偷吃了，都十分气愤，它们聚集在一起，商量着要去找狗熊报仇。

一位过路的神见了，便说："你们原谅狗熊一次吧，不然，你们在报复它的同时，自己也会受到伤害的。"

"不，此仇不报，我们心中的怨气就难消。"领头的那只小蜜蜂对神说完这句话后，便领着其他的伙伴，浩浩荡荡地出发了。

正在家里酣睡的狗熊被嗡嗡声惊醒时，才发现自己被成千上万只小蜜蜂团团包围住。狗熊忙爬起来逃命，可小蜜蜂们仍穷追不舍，它们纷纷把身上的毒针狠狠地向狗熊刺去。

狗熊浑身被刺得全是大大小小的包，又痛又痒了好几天。而那些把毒针留在狗熊身体里的小蜜蜂们，回去后没多久就全死了。

人和人之间相处难免会有一些不愉快的事发生，尤其在这科技日益进

步、工商日益发达的社会中，到处充满了来自生活环境、工作、升学等的压力，那些受压力影响的人们，性情容易变得暴躁，情绪较不稳定，冲突往往一触即发。

许多人血气方刚，常常就为了发泄一时心头之恨，而糊涂地犯下滔天大罪，造成了终身遗憾和家人的不幸，实在是太不值得。其实只要在做事之前多一分考量，并以清晰的头脑，心平气和的态度去面对，就可以避免人与人之间所有的不愉快了。

梦窗国师有一次渡河，船已经起航了。这时来了一位带刀的将军，喊着船夫载他过去。全船的人都说，船已开了，不可回头。船夫也喊着，要他等下一班。这时梦窗国师说："船家，船离岸不远，还是给他一点方便吧！"船夫看到是一位出家人讲话，就回头去载将军。没想到将军一上船，正好站在国师身边。他拿起鞭子就抽打国师，并吆喝着："和尚！走开点，把位子让给我！"鞭子打在梦窗的头上，鲜血汩汩地流着，他却一语不发。过了河，梦窗跟着大家下船，走到水边默默地把脸上的血洗净。

这时蛮横的将军，对自己的恩将仇报很惭愧，就过去向梦窗国师道歉。而梦窗国师却心平气和地说："不要紧！出门在外的人心情总是不太好！"

显然，梦窗国师的大度是值得我们现代人学习的。

在人与人之间的日常交往中，磕磕碰碰是难免的，但只要不是原则性的问题，就应该各自主动退让，宽以待人，少计较得失，这样有利于减少矛盾，维护人际间的和谐，于人于己，都是有益身心的事情。

心灵悄悄话
XIN LING QIAO QIAO HUA >>>

俗语说得好："忍一时风平浪静，退一步海阔天空。"就是说明忍让不论在人格、品行还是待人接物上的重要性，如果大家能重视并学习忍让，社会必会祥和无争，而世界也都将处于和睦快乐的境界中。

忍一时风平浪静，忍一世一事无成

酒、色、财、气，人生四关，我们可以滴酒不沾，可以坐怀不乱，可以不贪钱财，却很难不生气。所以"气"关最难过，要想过这一关就须学会忍。

忍什么？一要忍气，二要忍辱。气指气愤，辱指屈辱。气愤来自生活中的不公，屈辱产生于人格上的褒贬。在中国人眼里，忍耐是一种美德，是一种成熟的涵养，更是一种以屈求伸的深谋远虑。

"吃亏人常在，能忍者自安"，是提倡忍耐的至理箴言。忍耐是人类适应自然选择和社会竞争的一种方式。大凡世上的无谓争端多起于小事，一时不能忍，铸成大错，不仅伤人，而且害己，此乃匹夫之勇。凡事能忍者，不是英雄，至少也是达士；而凡事不能忍者，纵然有点愚勇，终归城府太浅，不成大事。人有时太愚，小气不愿咽，大祸接踵来。

忍耐并非懦弱，而是于从容之中冷嘲或蔑视对方。

无论是民族还是个人，生存的时间越长，忍耐的功夫越深。生存在这世上，要成就一番事业，谁都难免经受一段忍辱负重的曲折历程。因此，忍辱几乎是有所作为的必然代价，能不能忍受则是伟人与凡人之间的区别。

"能忍者自安"，忍耐既可明哲保身，又能以屈求伸，因此凡是胸怀大志的人都应该学会忍耐、忍耐、再忍耐。

但忍耐绝不是无止境地让步，而要有一个度，超过了这个度就要学会反击。

一条大蛇危害人间，伤了不少人畜，以致农夫不敢下田耕地，商贾无法外出做买卖，大人不放心让孩子上学，到最后，每个人都不敢外出了。

大家无奈之余，便到寺庙的住持那儿求救，大伙儿听说这位住持是位高僧，讲道时连顽石都会被点化，无论多凶残的野兽都会被驯服。

不久之后，大师就以自己的修为，驯服并教化了这条蛇，不但教它不可随意伤人，还点化了许多处世的道理，而蛇也从那天起仿佛有了灵性一般。

人们慢慢发现这条蛇完全变了，甚至还有些畏怯与懦弱，于是纷纷欺侮它。有人拿竹棍打它，有人拿石头砸它，连一些顽皮的小孩都敢去逗弄它。

某日，蛇遍体鳞伤，气喘吁吁地爬到住持那儿。"你怎么啦？"住持见到蛇这个样子，不禁大吃一惊。"我……"大蛇一时间为之语塞。"别急，有话慢慢说！"住持的眼里满是关怀。

"你不是一再教导我应该与世无争，和大家和睦相处，不要做出伤害人畜的事吗？可是你看，人善被人欺，蛇善遭人戏，你的教导真的对吗？""唉！"住持叹了一口气后说道，"我只是要求你不要伤害人畜，并没有不让你吓唬他们啊！""我……"大蛇又为之语塞。

如何掌握忍让这个度，乃是一种人生艺术和智慧，也是"忍"的关键。这里，很难说有什么通用的尺度和准则，更多的是随着所忍之人、所忍之事、所忍之时空的不同而变化。它要求有一种对具体环境、具体情况做出具体分析的能力。

总之，善忍，须懂得忍一时风平浪静，忍一世一事无成的道理，当忍则忍，忍无可忍时，则无须再忍！所以不必过于委屈，但也不是睚眦必报。

人生究竟应该以德报怨，以怨报怨，还是以直报怨呢？然而，我们的人生经验会告诉我们，有的人德行不够，无论你怎么感化，恐怕他也难以修成正果。人们常说江山易改，禀性难移，如果一个人已经坏到底了，那么我们又何苦把宝贵的精力浪费在他的身上呢？现代社会生活节奏的加快，使得我们每个人都要学会在快节奏的社会中生存，用自己宝贵的时光做出最有价值的判断、选择。你在那里耗费半天的时间，没准儿人家还不领情，既然如此，就不用再做徒劳的事情了。

电影《肖申克的救赎》中有一句非常经典的台词："强者自救，圣人救人。"不要把自己当作一个圣人来看待，指望自己能够拯救别人的灵魂，这样做的结果多半是徒劳无益的，何不将时间用在更有价值的事情上呢？

当然，我们主张明辨是非。但是要记住，对方错了，要告诉他错在何

处，并要求对方就其过错补偿。如果不论是非，就不能确定何为直。"以直报怨"的"直"不仅仅有直接的意思，"直"，既要有道理，也要告诉对方，你哪里错了，侵犯了我什么地方。

有人奉行"以德报怨"，你对我坏，我还是对你好，你打了我的左脸，我就把右脸也凑过去，直到最终感化你；有人则相反，以怨报怨，你伤害我，我也伤害你，以毒攻毒，以恶制恶，通过这种方法来消灭世界上的坏事。其实，二者都有失偏颇，以德报怨，不能惩恶扬善；以怨报怨，则冤冤相报何时了？

以怨报怨，最终得到的是怨气的平方；以德报怨，除非真的到达一定境界，否则只会让你心中不知不觉存积更多的怨。其实，做人只要以直报怨，以有原则的宽容待人，问心无愧即可。

心灵悄悄话
XIN LING QIAO QIAO HUA >>>

当人们面对伤害时，以德报怨恐怕大多数人都做不到。不必为难，你只需以直报怨就好了。不必委曲求全，也不要睚眦必报，有选择、有原则的宽容，于己于人都有利。